드림

영양만점 아이밥상

배고픈 맘의 영양만점 아이밥상

1판 1쇄 발행 2010년 3월 3일
1판 3쇄 발행 2013년 3월 20일

지은이 박지숙

발행인 장상진
발행처 경향미디어
등록번호 제313-2002-477호
등록일자 2002년 1월 31일

주소 서울시 영등포구 양평동2가 37-1번지 동아프라임밸리 507-508호
전화 1644-5613 | **팩스** 02)304-5613

저작권자 ⓒ 2010 박지숙

ISBN 978-89-90991-95-9 13590

※값은 표지에 있습니다.
※파본은 구입하신 서점에서 바꾸어 드립니다.

배고픈 맘의

영양만점 아이밥상

박지숙 지음
한국영양학회 이사 이복희 감수

경향미디어

훗날 엄마가 해준 음식을 그리워할
내 아이들을 위한 요리

사람이 사는 데 아주 기초적인 먹는 이야기로 블로그를 꾸려온 지 벌써 5년 차가 시작되었습니다. 전문적인 요리사가 아닌 그저 저희 네 식구의 하루 세 끼를 해 먹이는 아내이자 엄마로서 역할을 한 지는 14년 차가 되어가네요.

요리 블로그를 운영하면서 생긴 작은 변화라고 한다면 과정 하나하나 사진을 찍다보니 좀 더 정성이 들어가는 음식을 했다는 정도이구요. 그리고 아이들이 커가면서 엄마의 요리에 평가를 한다는 거랍니다.

세상에서 제일 맛있는 음식은 남들이 맛있다고 추천하는 음식보다, 유명한 셰프가 한 요리보다, 그게 어떤 재료로 어떻게 조리가 되었든 내 입에 맞는 음식이 최고라고 합니다.

제가 식당을 운영하는 사람이라면 사람들의 평균 입맛을 찾아 음식을 만들어 팔겠지만, 전 그저 저희 식구의 엄마이고 아내이기에 식구의 입맛에 맞추어 제 방식으로 음식을 만들지요.

어릴 적 겨울 간식으로 엄마가 쪄주신 고구마와 함께 먹었던 잘 익은 배추김치와 동치미. 요즘 저희 아이들도 찐 고구마나 군고구마와 함께 김치와 동치미를 아주 맛나게 먹고 있답니다. 영양학적으로 고구마와 김치가 찰떡궁합이라는 걸 음식을 먹으면서 자연스레 알게 되고 전 그걸 응용해 버거, 샌드위치, 피자 같은 아이들 간식을 만들게 되었답니다.

지금 제가 하는 음식이 훗날 아이들에게 그리운 맛으로 남길 바라며 오늘도 전 추억의 맛을 하나 더 남겨주려 싱크대 앞에 서 있습니다.

배고픈 맘 박지숙

가족의 건강을 책임지는
엄마를 위한 최강 요리 레시피

아동기는 만 7~12세까지의 시기로서 육체적 · 정신적 성장이 급속도로 이뤄지며, 인성이 형성되고 사회적 · 정서적 발달은 물론 식습관 등이 정립되는 중요한 시기입니다. 성장기 아동의 성장발육을 위해서는 적절한 영양공급이 이뤄져야 하는데, 이러한 영양공급은 올바른 식생활에서 비롯됩니다.

최근 웰빙바람이 불어 먹거리에 대한 관심이 초미의 관심사가 되고 있으며, 특히 자녀를 양육하는 부모 입장에서는 아이들에게 맛있고 건강에 좋은 음식을 만들어주고 싶은 것이 부모의 욕심이리라 생각합니다. 그러나 대부분의 주부들이 음식을 맛있게 만들어줄 수는 있지만 어떤 음식이 어떻게 건강에 좋은지는 잘 모르고 있습니다. 맛이 좋다고 영양이 풍부하고 좋은 것이 아니기 때문입니다. 본《배고픈 맘의 영양만점 아이밥상》은 주부들이 궁금해하는 부분을 영양 팁과 더불어 다양한 정보를 제공해줌으로써 메뉴를 더욱 알차게 소개하고 있어 많은 도움이 될 것이라 생각합니다. 이 요리책을 잘 활용한다면 좀 더 알찬 식단을 꾸미고, 아이는 물론 가족의 건강을 책임질 수 있으리라 믿습니다.

한국영양학회 이사 이복희

3 » 내 아이의 입맛을 사로잡는 한 그릇 별미

4» 특별한 날 간단한 일품 간식거리

5 » 아이의 식욕을 돋우는 메뉴 & 디저트

어린이와 영양

아이 건강을 위한 엄마의 현명한 선택

아이의 편식을 예방하기 위한 엄마의 전략

아이가 편식을 하는 것은 음식을 접해보지 않아서 낯설어서 편식을 하는 경우도 있고, 처음 그 음식을 접했을 때 향이 강했거나, 씹었을 때의 질감이 질기거나 너무 물러서 싫어하게 되기도 하고, 아이가 사회생활을 시작하면서 또래집단의 아이들이 싫어하는 음식을 함께 싫어하는 경우도 있다. 아이의 편식을 예방하려면 새로운 음식을 접하게 할 때 많은 양보다 소량씩 좋아하는 음식에 섞어서 친근감을 높여주는 것이 좋다. 아이가 먹지 않는 음식이 생겨나면 양념을 달리하거나 조리방법을 바꿔서 음식의 맛과 향을 변형시켜 주는 것도 음식에 대한 거부감을 줄이는 방법이 될 수 있다. 또래집단에서 싫어하는 음식이 생겨나면 그 음식이 맛있고 아이들에게 좋다는 분위기를 형성시켜 주는 것이 중요하다. 아이들의 경우, 자신은 그 음식이 맛있더라도 다른 친구들이 싫어하는 분위기가 형성되면 먹고 싶더라도 먹지 못하는 경우가 생겨나기 때문이다.

또한 목에 걸리거나 배탈이 나게 되는 등 음식에 대한 나쁜 기억이 편식습관을 만들기도 한다. 아이에게 음식에 대한 나쁜 기억을 심어주지 않기 위해서는 위생적으로 조리하고 아이들이 먹기 좋은 크기와 형태를 만들어주는 것도 중요하다. 때로는 아이의 편식을 고치기 위해 싫어하는 음식을 먹으면 보상을 주는 방법을 사용하기도 하는데, 처음에는 효과가 있더라도 보상이 없을 경우에는 전혀 그 음식을 먹지 않게 되므로 사용하지 않는 것이 좋다.

섭취에 주의를 기울여야 할 영양소

아이의 성장을 위해서는 무엇보다 영양적으로 균형 잡힌 식사가 필요하다. 이 시기에는 신체활동이 활발하기 때문에 필요한 에너지를 충분히 공급해주는 것이 중요하고, 감염과

질병에 대한 저항력을 기르기 위해서도 적절한 영양섭취는 필수적이다. 성장기에 영양부족이 발생할 경우, 이후 영양상태가 좋아지더라도 성장 저하나 부진을 모두 보상할 수 없기 때문이다. 일반적으로 충분한 섭취에 신경써야 할 영양소로는 에너지와 단백질 이외에 칼슘, 철분, 아연 등의 무기질, 비타민 A, D, B_1, B_2, 나이아신, B_6 및 비타민C 등이다. 10~12세 사이의 남자아이는 여자아이에 비해 근육축적량과 활동량이 많기 때문에 특히 B_1, B_2, 나이아신, 아연 등의 필요량이 더 많아진다. 요즘은 영양부족보다 영양과다에 의한 비만이 더 문제가 되고 있으므로 과도한 에너지 섭취는 조절해주는 것이 중요하다.

성장에 필요한 영양소, 단백질

단백질은 체조직의 유지, 체성분의 변화 및 새로운 조직의 합성에 필수적인 영양소이다. 단백질 섭취 시 양도 중요하지만 질적인 문제도 고려해야 하는데, 필수아미노산이 골고루 들어 있어야만 체내에서 단백질 합성이 효율적으로 진행될 수 있기 때문이다. 대체로 동물성 식품에는 필수영양소가 풍부한 편이나 100% 모두 함유하는 식품은 거의 없기 때문에 동물성 식품을 섭취할 때에는 곡물, 두류, 채소 등을 잘 조합해야 모자라기 쉬운 필수아미노산을 골고루 섭취할 수 있다. 따라서 한 가지 식품이 좋다고 하여 단일한 식품만을 먹는 것보다는 골고루 다양하게 적정량을 섭취하는 것이 가장 좋다. 특히, 아이의 성장에는 칼슘의 영양상태가 중요하긴 하나 필요량 이상의 단백질 섭취는 칼슘 보유를 방해하여 정상적인 골격 형성을 저해할 수 있으므로 단백질을 과도하게 많이 섭취하지 않도록 주의해야 한다.

가공식품 선택 시 주의할 점

가공식품은 간편하게 빨리 조리할 수 있고, 보관이 용이한 장점을 가지고 있다. 그러나 장점에 못지않게 단점도 있다는 것을 잘 알고 있어야 가공식품을 적절하게 사용할 수 있다.

그중 보존기간을 늘리고 식품의 색과 모양을 좋게 만드는 식품첨가물이 있다. 식품첨가물은 인체에 영향을 주지 않는 범위 내에서 허용되고 있지만, 허가를 받은 식품첨가물이더라도 장기간 사용했을 때 인체에 대한 유해성이 검증된 바 없기 때문에 우려되는 부분이 있다. 또한, 제품에 표기되는 식품첨가물 이외에 제품의 생산과정 중에 사용되는 여러 가지 화학물질이 있다. 이들 화학물질에 대해서는 많은 논란이 있다. 따라서 식품을 선택할 때 가능하면 천연의 재료를 사용하는 것이 가장 좋고, 천연의 재료를 사용하기 어려울 때엔 유통기간이 짧고, 식품첨가물이 들어 있지 않거나 적게 들어 있는 것을 선택하는 것이 좋다.

강화식품의 선택

식품이 본래 가지고 있는 풍미나 색을 변화시키지 않고 비타민·무기질 등의 미량영양소나 아미노산 등을 식품에 더함으로써 영양가를 높인 것을 강화식품이라 한다. 시중에 나가보면 수많은 강화식품들이 유통되는 것을 볼 수 있다. 식품 강화가 처음 이루어진 것은 1936년인데, 미국에서 어린이의 구루병을 방지하기 위하여 우유에 비타민D를 첨가한 것에서 시작되었다. 시작은 특정 질병을 예방하기 위해 시작되었으나, 최근의 강화식품 시장을 보면 불필요한 영양소를 강화한 제품들이 쏟아져나오고 일반제품에 비해 높은 가격으로 판매되고 있어 안타까운 생각이 든다.

강화식품을 섭취해야 하는 경우는 특정 식품을 편식해서 충분히 공급해줄 수 없거나 일반적으로 식품에 적게 함유되어 있어 필요량을 충족시킬 수 없을 때이다. 곡물도정 중에 파괴되는 비타민 B_1, B_2, 나이아신, 엽산 등과 보통식품에 소량 들어 있는 비타민D, 철분, 칼슘 등의 경우에는 강화식품을 활용하면 쉽게 보충할 수 있다. 그러나 대부분은 다양한 식품을 골고루 먹을 경우 충족이 가능하므로 단일식품을 과다하게 섭취하는 것보다는 다양한 식품을 먹는 것이 가장 좋다.

소금의 선택

소금은 인간의 생명유지에 없어서는 안 될 필수식품이나 과잉섭취를 하면 소금의 구성성분인 나트륨에 의해 고혈압, 심혈관 질환의 유발에 원인이 되므로 적정량을 섭취해야 한다. 특히 한국인의 소금 섭취는 1일 15-30g으로 필요량의 10배 이상을 먹고 있는 것으로 보고되어 있어 주의를 요한다.

최근 생산방법에 따라 다양한 소금이 출시되고 있다. 바닷물을 농축시킨 천일염, 염화나트륨만을 농축시킨 정제염, 원염을 가열 건조시킨 제제염, 원염을 세척, 분쇄, 압축한 가공염 등이 있다. 정제염에는 염화나트륨 외에 습기방지제와 옥소첨가물, 표백제가 들어간다. 천일염은 바닷물만을 원료로 하기 때문에 염화나트륨의 함량이 정제염에 비해 낮고 미네랄이 다양하게 들어 있는 장점이 있지만, 오염된 지역에서 생산될 경우 중금속이나 유해성 폐수에 오염될 수도 있다. 따라서 소금을 선택하는 데 있어서 천일염을 사용하는 것이 좋을지, 정제염을 선택하는 것이 좋을지는 참 어려운 문제이다. 소금 구입 시에는 원산지를 반드시 확인하고, 지나치게 저렴한 소금을 구입하지 않는 것이 현명하다.

손쉽게 계량하기

가루류 1큰술

설탕, 고춧가루, 밀가루 등 가루류를 밥숟가락으로 1숟가락 수북하게 떠서 자연스레 흘러내리도록 봉긋하게 담아줍니다.

가루류 1/2큰술

숟가락 반 정도 봉긋하게 올라오도록 담아줍니다.

액체류 1큰술

간장, 청주, 매실 원액, 기름 등 액체류를 밥숟가락에 한가득 넘치지 않을 정도로 최대한 담아줍니다.

액체류 1/2큰술

숟가락이 반 정도 차도록 담아줍니다.

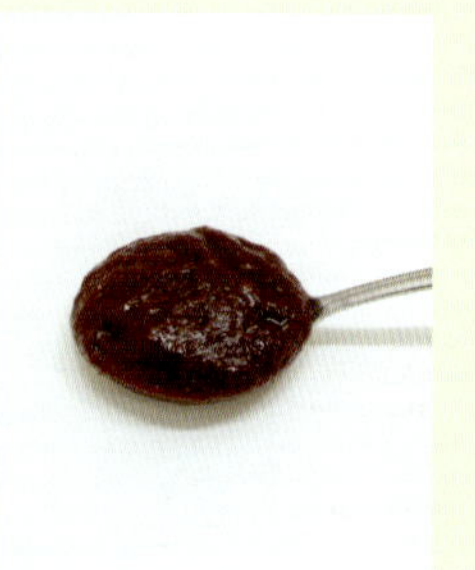

장류 1큰술

된장, 고추장, 마요네즈, 케첩 등을 밥숟가락으로 수북하게 떠서 위로 봉긋하게 올라오도록 담아줍니다.

장류 1/2큰술

숟가락 반 정도 봉긋하게 올라오도록 담아줍니다.

종이컵 1컵

넘치지 않도록 가득 채워 1컵을 만듭니다.

종이컵 1/2컵

종이컵이 밑은 좁고 위로 갈수록 넓어지므로 종이컵 1/2 지점에서 좀 더 윗부분까지 부어주세요.

국수 1인분(100g)

검지손가락을 엄지손가락 안쪽으로 둥글게 쥐어줍니다.

채소 한 줌

검지와 엄지손가락 끝으로 잡은 양입니다.

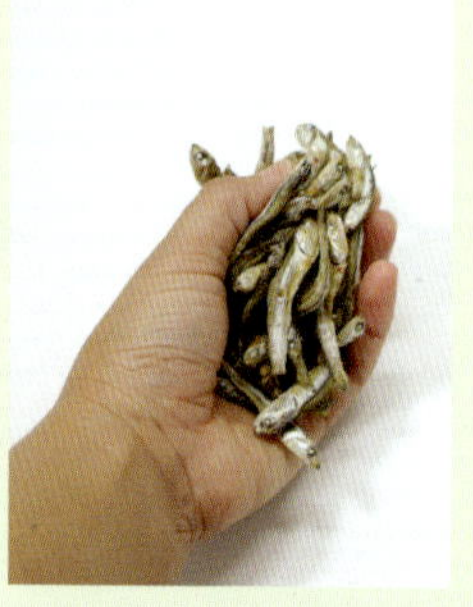

한 줌

한 손 가득 가볍게 잡은 양입니다.

데친 나물 한 줌

물기를 짠 데친 나물을 오목하게 만든 한 손 안에 들어가도록 잡은 양입니다.

우유팩 활용하기

김치, 생선, 육류 등 냄새 있는 식품을 조리할 때 도마로 사용합니다.

빈 우유팩에 사용한 키친타월이나 신문지를 넣습니다.

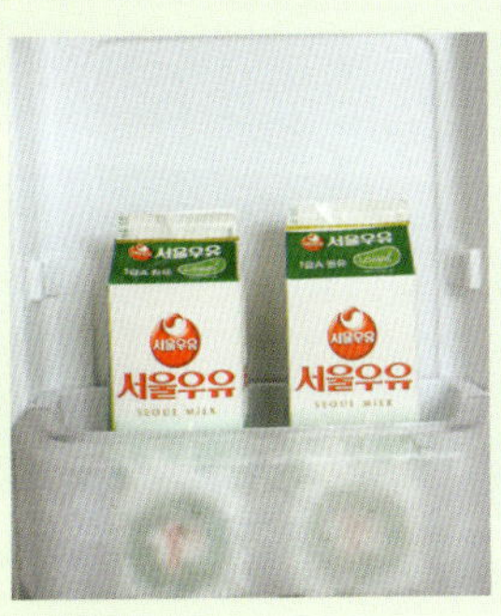

사골을 얼리는 데 사용합니다.

사용한 기름을 부을 때 사용합니다.

양념병 받침으로 사용합니다.

폐기름을 버릴 때 사용합니다.

식재료 준비하기

스테이크소스

양식 등의 소스를 만들 때 사용하며, 신맛이 강하므로 케첩, 설탕, 양파 등을 더해 활용하기도 합니다.

핫소스

매콤한 맛이 살짝 나는 핫소스는 케첩과 함께 간단하게 피자 만들 때 주로 이용합니다.

머스타드소스

신맛과 매운맛이 강해 마요네즈와 꿀을 함께 사용해 허니 머스타드소스로 만들어 사용합니다.

청주

명절에 사용하고 남은 정종, 청주를 밀폐 소스용기에 따로 담아두었다가 양념장 만들 때 사용합니다.

냉동 또띠아

간단하게 피자를 만들 때 사용합니다.

통후추

주로 육류의 잡냄새를 없애기 위해 사용합니다.

월계수잎

주로 육류의 잡냄새를 없애기 위해 사용합니다.

액젓

주로 생선찌개 간으로 소금이나 국간장 대신 새우젓과 함께 사용합니다.

굴소스

볶음요리를 간할 때 사용하면 음식에 감칠맛을 더해줍니다.

포도씨유

식용유 대신 사용하는 기름으로, 쿠키나 머핀을 만들 때 버터 대신 사용합니다.

매실 원액

물에 희석해 음료로도 좋으며, 감미료 대신 양념에 함께 사용합니다.

식품매장 둘러보기

유기농 식품매장인 단올
www.danall.co.kr

한우 쇠고기를 판매하는 다하누
www.dahanoomall.com

안전한 먹거리 아이쿱생협
www.icoop.or.kr/coopmall

싱싱한 제철 식재료 구입에 좋은 자연명가
www.62moa.com

1장
두루두루 영양가 있는
기본 국 · 찌개 요리

쫄깃쫄깃 구수해 아이들이 더 좋아하는 누룽지 낙지 연포탕
쏙쏙 새알심 건져 먹는 재미에 영양까지 가득한 들깨 새알 미역국
겨울초로 면역력 키워 튼튼 겨울나기 겨울초 된장국
성장발육에 좋은 영양덩어리 쇠고기 무국
고소하고 진한 국물이 일품인 차돌박이 된장찌개
무기질과 단백질이 만들어내는 환상의 짝꿍 굴 달걀국
활동파 우리 아이를 위한 피로회복제 콩나물 두부 된장국
후룩후룩 깔끔하게 한 끼 해결 무국
반찬 없이 입맛 살리는 영양만점 북어 김치 콩나물국
두뇌활동을 돕는 시원한 명품요리 조개 꽃게탕
싱싱 파릇한 비타민 & 미네랄 보충제 무청 된장찌개
닭고기의 질감이 살아 있는 담백한 우리집 별미 닭개장
겨울철 영양보충의 으뜸요리 참치캔 시래기 된장국
우리 가족 모두 좋아하는 지글지글 불고기전골
아이들도 쉽게 먹을 수 있는 얼큰시원 조기매운탕

누룽지 낙지 연포탕

낙지 3마리(400g)
밥 1공기
밀가루 1큰술
멸치, 다시마, 표고버섯 우린 물 8컵
무 200g/ 쪽파 4뿌리/ 홍고추, 청고
추 1개씩/ 다진 마늘 1큰술
국간장 3큰술/ 청주 2큰술/ 소금 1작
은술

1 밥 1공기를 팬에 얇게 펴 앞뒤 노릇
하게 구워 누룽지를 만들어줍니다.

2 낙지 머리를 뒤집어 내장을 떼내고
밀가루를 넣고 빡빡 문질러 주세요.

Nutrition Tip

1. 낙지는 단백질과 칼슘, 철 등의
무기질이 풍부하여 뼈를 튼튼
하게 하고 빈혈에 특히 좋은
식품이다.
2. 낙지는 타우린 성분이 많이 함
유되어 있어 허약체질의 아동
에게 좋으며 피로회복 및 간기
능 강화에 좋다.
3. 낙지는 산뜻하고 담백하여 위
장 기능이 약한 경우에 도움이
된다.

3 밀가루에 문지른 낙지를 물에 씻어
체에 건져줍니다.

4 0.5cm로 자른 무 4조각을 나박하게
썰고 쪽파를 송송 썰어주고 홍고추,
청고추는 어슷하게 썰어줍니다. 그리고
다진 마늘을 준비합니다.

5 냄비에 물 8컵, 사방 10cm 다시마 1
장, 다시용 멸치 한 줌, 건 표고버섯
3개를 넣고 끓으면 불을 끄고 뚜껑 덮어
10분간 우리고 건더기를 건져줍니다. 국
간장, 청주로 간을 해주세요.

6 여기에 무를 넣고 육수가 끓으면 준
비해둔 파, 고추, 마늘을 넣고 끓입
니다. 그리고 준비한 낙지를 데치듯 끓
여줍니다. 그다음 소금을 넣고 마무리
간을 해주세요.

7 낙지를 건져 먹고 남은 국물에 누룽
지를 큼직하게 부셔 넣고 끓여줍니
다. 우동이나 수제비로 대신해도 든든한
식사를 할 수 있답니다.

 쏙쏙 새알심 건져 먹는 재미에 영양까지 가득한

들깨 새알 미역국

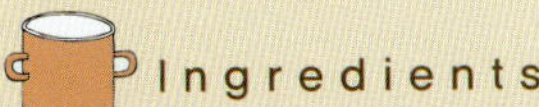

Ingredients

마트용 찹쌀가루 1컵
미역 5큰술(15g, 종이컵으로 1/2컵)
멸치, 다시마, 표고버섯 우린 물 8컵
소금 1작은술/ 국간장 4큰술/ 들깨가
루 3큰술

1. 들깨는 40% 이상이 유지 성분
   으로 이루어져 있다.
2. 들깨의 유지 성분에는 리놀렌
   산, 리놀레산, 올레산 등이 풍
   부해 혈관을 튼튼하게 한다.
3. 미역은 치아, 골격의 주성분인
   칼슘, 조혈제인 철분과 요오드
   가 풍부하여 심장, 혈관 활동
   및 신진대사를 활발하게 한다.
4. 미역 중의 알긴산은 중금속,
   농약, 콜레스테롤 등을 배출하
   는 역할을 한다.
5. 들깨는 다가불포화지방산 함
   량이 높아 산화되기 쉬우므로
   보관에 주의해야 한다.

1 찹쌀가루와 소금을 그릇에 담고 끓
인 물 9큰술을 2~3번에 나누어 넣고
익반죽을 해줍니다. 반죽이 차지도록 열
심히 치댄 후 둥글게 빚어 새알심을 만
들어줍니다.

2 미역을 물에 불려 씻어 체에 건져둡
니다.

3 냄비에 물 8컵, 사방 10cm 다시마 1
장, 다시용 멸치 한 줌, 건 표고버섯
3개를 넣고 끓으면 뚜껑을 덮고 10분간
우린 후 건더기는 모두 건져주세요. 여
기에 국간장으로 간을 해줍니다.

4 준비해둔 미역을 넣고 함께 끓여주
세요.

5 끓으면 준비해둔 새알심을 넣어주
세요.

6 새알심이 둥실 떠오르면 들깨가루
를 넣고 덩어리지지 않게 저어 한
소끔 정도 더 끓여줍니다.

겨울초 된장국

Ingredients

겨울초 1/2단
멸치, 다시마, 표고버섯 우린 물 8컵
소금 1큰술/ 된장 2큰술/ 다진 마늘 1큰술/ 청국장가루 1큰술/ 국간장 2큰술
어슷썬 대파 1대

Nutrition Tip

1. 유채는 배추와 같은 과의 식물로 겨울의 추위를 이겨내고 자라기 때문에 겨울초라고도 한다.
2. 겨울초는 비타민C가 풍부하여 데쳐도 상당량이 보유되고, 비타민A로 전환되는 베타카로틴 함량이 높아 우리 몸의 면역력 증가에 도움이 된다.

1 겨울초를 준비해 농한잎, 진잎을 골라내고 길이를 2등분으로 잘라 한 번 씻어 준비해둡니다.

2 물 15컵에 소금을 넣고 끓으면 깨끗하게 손질한 겨울초를 데쳐줍니다. 시금치 데치듯 살짝 데쳐 건져주고 찬물에 2~3번 헹구어 물기를 꼭 짜줍니다.

3 데친 겨울초 400g을 그릇에 담고 된장, 다진 마늘, 청국장가루를 넣고 조물조물 무쳐줍니다.

4 냄비에 물 8컵, 사방 10cm 다시마 1장, 다시용 멸치 한 줌, 건 표고버섯 3개를 넣고 끓으면 불을 끄고 뚜껑 덮어 10분간 우린 후 건더기를 건져줍니다.

5 여기에 양념에 무친 겨울초를 넣고 끓여줍니다.

6 여기에 국간장과 어슷썬 대파를 넣고 한 소끔 끓여주세요.

쇠고기 무국

Ingredients

쇠고기 우둔살 또는 국거리용 200g
봉지 콩나물 1/2봉지(150g)
무 0.5~0.6cm 두께 통으로 6조각
대파 1대/ 참기름 1큰술/ 다진 마늘 1큰술/ 고춧가루 1큰술/ 국간장 4큰술/ 소금 2작은술/ 후추 약간

1. 쇠고기는 단백질, 무기질, 비타민의 좋은 급원식품이며 필수 아미노산을 다량 함유하고 있어서 생명유지와 성장발육에 영향을 준다.
2. 쇠고기에는 곡류에는 부족한 필수아미노산인 라이신이 풍부하여 칼슘의 흡수를 도와준다.

1 콩나물을 씻어 준비하고 무를 나박 썰기 해줍니다. 대파는 어슷썰어 준비해주세요.

2 쇠고기 우둔살 또는 국거리용을 준비해 참기름과 함께 볶아줍니다.

3 다진 마늘과 고춧가루를 넣고 살짝 볶아줍니다.

4 여기에 국간장을 넣고 간을 해주세요.

5 물 8컵을 붓고 끓으면 준비한 무를 넣고 끓여줍니다.

6 준비해둔 콩나물과 대파를 넣고 끓으면 소금과 후추 약간으로 마무리 간을 해주세요.

차돌박이 된장찌개

Ingredients

차돌박이 200g
두부 작은 1모(210g)
멸치, 다시마, 표고버섯 우린 물 6컵
애느타리버섯 한 줌(50g)/ 양파 1/2개/
국물 낸 표고버섯 3개/ 홍고추, 청고추
1개씩/ 대파 1대
된장 3큰술/ 고추장 1큰술/ 다진 마늘
1큰술/ 국간장 약간

1. 차돌박이는 소의 앞다리 양지
   머리 뼈 한복판에 붙은 부위로
   지방이 많아 고소하고, 국물을
   내면 부드럽고 진한 맛을 내므
   로 허약하고 입맛이 없는 아동
   에게 좋다.
2. 부재료인 느타리 및 표고버섯
   에는 비타민D 전구체가 풍부
   하여 성장기 아동에게 좋으며
   차돌박이의 느끼함을 없애줄
   수 있어 좋다.
3. 차돌박이는 맛은 있으나 기름
   기가 많으므로 적당량 먹되 채
   소와 곁들여 먹는 것이 좋다.

1 냄비에 물 6컵, 사방 10cm 다시마 1
   장, 다시용 멸치 한 줌, 건 표고버섯
   3개를 넣고 끓으면 뚜껑 덮고 10분간 국
   물을 우린 후 건더기를 건져주세요. 그
   리고 차돌박이를 굵직히 썰어두세요.

2 두부를 두툼하게 썰어주고 애느타
   리버섯은 가닥가닥 떼어 씻어주세
   요. 양파와 기둥 자른 표고버섯은 굵직히
   네모나게 썰어줍니다. 홍고추, 청고추,
   대파도 굵직히 어슷하게 썰어주세요.

3 그릇에 된장, 고추장, 다진 마늘을
   넣고 고루 잘 섞어줍니다.

4 섞은 양념을 멸치, 다시마, 표고버
   섯 우린 물에 풀고 끓여줍니다.

5 국물이 끓으면 준비해둔 애느타리
   버섯과 두부를 넣고 끓여주세요.

6 국물이 우러나도록 끓여주면서 중
   간에 거품을 한 번 걷어주세요. 그
   리고 차돌박이를 넣고 끓여줍니다.

7 준비해둔 고추, 대파, 양파를 넣고
   한 번 더 끓이고 마무리 간을 국간
   장으로 해주세요.

굴 달걀국

Ingredients

굴 1공기(340g)
달걀 1개
0.5cm 두께 통으로 자른 무 2조각/ 대파 1대/ 새우젓 1큰술

1. 굴은 '바다의 우유'라고 불리는 영양이 풍부한 식품이다.
2. 굴은 아연의 함량이 높아 아동의 성장발달을 돕고 요오드 함량이 높아 갑상선 기능 유지에 도움을 준다.
3. 굴은 철과 구리가 풍부하여 빈혈 예방에 좋다.
4. 굴은 산란기인 5~8월 사이에는 생리적 독성 성분이 분비되고 부패하기 쉬우므로 섭취 시 주의를 요한다.

1 굴에 붙은 껍데기를 떼어냅니다. 흔들어 씻어도 떨어지지 않는 것은 손으로 떼어줍니다.

2 무를 한 입 크기로 잘라주고, 대파를 어슷하게 썰어줍니다.

3 냄비에 물 5컵을 담고 준비한 무와 새우젓을 넣고 끓여줍니다.

4 물이 끓으면 준비해둔 굴을 넣고 끓여줍니다. 굴을 넣고 너무 오래 끓이지 마세요.

5 중간에 거품을 한 번 걷어주세요. 굴을 넣고 국물이 끓으면 준비해둔 대파를 넣어줍니다.

6 알끈 없이 푼 달걀을 조금씩 끊어가며 넣어줍니다. 다 넣고 나면 불을 꺼주세요. 그리고 달걀을 넣고 오래 끓이면 고소한 맛이 사라지니 주의하세요.

콩나물 두부 된장국

Ingredients

콩나물 1/2봉지(150g)
두부 작은 1모(200g)
멸치, 다시마, 표고버섯 우린 물 9컵
대파 1대/ 된장 1큰술/ 국간장 3큰술/
다진 마늘 1큰술

1. 콩나물은 섬유질이 많고 아스
   파라긴산을 함유하여 피로회복
   에 도움을 준다.
2. 콩나물은 칼륨 함량이 높아 체
   내의 나트륨을 배설하는 역할
   을 한다.
3. 두부는 식물성 고단백 식품으
   로 채식을 하는 사람들에게 단
   백질의 좋은 급원이 된다.

1 콩나물의 꼬리를 다듬어 씻어줍니
  다. 두부는 깍둑썰기를 해주고, 대
  파는 어슷썰어 준비해둡니다.

2 냄비에 물 9컵을 붓고 멸치 25마리,
  건 표고버섯 3개, 사방 10cm 다시마
  1장을 넣고 팔팔 끓으면 뚜껑을 덮고 불
  을 끄고 5~10분간 두었다 건더기를 건져
  줍니다.

3 멸치, 다시마, 표고버섯 우린 물에
  된장을 체를 받쳐 풀어줍니다.

4 준비한 콩나물과 두부를 넣고 끓여
  주세요.

5 여기에 국간장으로 간을 맞추어줍
  니다.

6 다진 마늘과 어슷썬 대파를 넣고 한
  소끔 더 끓여주세요.

무국

Ingredients

무 200g
멸치, 다시마, 표고버섯 우린 물 5컵
청주 2큰술/ 국간장 2큰술/ 소금 1/3작
은술/ 후추 약간/ 김 약간

1. 무는 90% 이상이 수분이고,
   다량의 섬유질을 포함한 저열
   량 식품이다.
2. 무 속의 디아스타제는 소화를
   돕는 역할을 한다.
3. 무 속의 비타민C는 대부분 껍
   질에 들어 있기 때문에 껍질을
   제거하지 말고 깨끗하게 씻어
   서 먹는 것이 좋다.

1 냄비에 물 5컵, 멸치 한 줌, 사방
10cm 다시마 1장과 건 표고버섯 2
개를 넣고 끓여줍니다. 끓으면 불을 끄
고 냄비 뚜껑을 덮어 10분 정도 우러나
게 둔 후 건더기를 건져주세요.

2 국물이 우러나는 동안 깨끗하게 씻
은 무를 0.5~0.6cm 두께로 통으로 5
조각을 썰어준 후 한 입 크기로 나박썰
기 해줍니다.

3 멸치, 다시마, 표고버섯 우린 물을
불에 올린 후 청주를 넣어줍니다.

4 그다음 국간장으로 간을 해주세요.

5 간을 한 국물에 준비해둔 무를 넣어
주세요.

6 국물이 끓으면서 생기는 거품을 한
번 걷어준 후 소금과 후추 약간으로
마무리 간을 해줍니다. 구운 김이 있으면
가위로 곱게 잘라 얹어주세요.

북어 김치 콩나물국

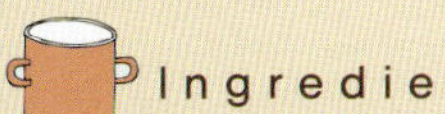

Ingredients

북어포 1마리
멸치, 다시마, 표고버섯 우린 물 8컵
묵은 김치 130g
콩나물 1/2봉지(150g)
국간장 3큰술/ 대파 1대

1. 북어는 지질 함량이 낮아 깔끔한 맛을 낸다.
2. 북어에는 성장에 필요한 라이신과 트립토판이 풍부하게 함유되어 있다.
3. 북어를 가열 조리하면 티오프롤린과 같은 아미노산이 생성되어 체내 발암물질의 축적을 막아준다.

1 뼈와 껍질을 제거하면서 결대로 북어포를 찢어줍니다.

2 냄비에 물 8컵, 사방 10cm 다시마 1장, 다시용 멸치 한 줌, 건 표고버섯 3개를 넣고 끓으면 불을 끄고 뚜껑 덮어 10분간 우린 후 건더기를 건져줍니다.

3 한 입 크기로 썬 묵은 김치를 넣고 국간장으로 간을 해 끓여줍니다.

4 국물이 끓으면 준비해둔 북어포를 넣어주세요.

5 꼬리를 다듬어 썻은 콩나물을 넣고 끓여줍니다.

6 마지막으로 어슷하게 썬 대파를 넣고 한 소끔 끓여주세요.

조개 꽃게탕

Ingredients

깨다시 꽃게 10마리
민들조개 5움큼(한 손으로 가득 잡
아 40개)
멸치, 다시마, 표고버섯 우린 물 8컵
된장 1큰술/ 맑은 액젓 1큰술/ 고춧
가루 2큰술/ 마늘 1/2큰술/ 대파 1대

1. 꽃게살은 단백질이 많고 담백
   한 맛을 내며, 류신, 아르기닌
   의 아미노산이 풍부하여 성장
   기 어린이에게 좋은 식품이다.
2. 조개와 꽃게에는 티로신이 다
   량 함유되어 있는데, 티로신은
   뇌활동을 돕는 도파민의 원료
   로 사용되기 때문에 두뇌활동
   을 활발하게 한다.

1 일반 꽃게가 아닌 깨다시 꽃게를 솔
로 깨끗하게 문질러 씻고 다리 끝마
디를 가위로 잘라줍니다. 암놈의 경우는
알을 품고 있는 배딱지와 입을 떼내줍니
다.

2 등딱지를 벗겨 속의 아가미도 말끔
하게 떼내주세요. 가로로 몸통을 반
으로 자른 후 등딱지 안쪽에 붙은 게장
을 숟가락으로 긁어 그릇에 따로 담고
등딱지는 버립니다.

3 깨끗하게 씻은 민들조개와 손질한
꽃게를 함께 냄비에 담아주세요.

4 된장, 맑은 액젓, 고춧가루, 마늘을
섞은 양념장과 따로 담아두었던 게
장을 넣어줍니다.

5 그리고 멸치, 다시마, 표고버섯 우
린 물을 붓고 끓여주세요.

6 한 번 끓어오르면 중불에서 국물이
우러나게 끓여주세요. 그리고 대파
를 어슷하게 썰어 넣고 마무리 간을 보
세요.

무청 된장찌개

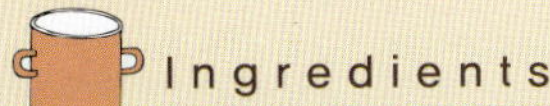

Ingredients

삶아 물기 짠 무청 400g
멸치, 다시마, 표고버섯 우린 물 8컵
소금 1/2큰술/ 된장 2큰술/ 청국장가
루 2큰술/ 다진 마늘 1큰술/ 국간장 1
큰술
대파 1대/ 청양고추 2개/ 홍고추 2개

Nutrition Tip

1. 무청은 식이섬유질과 비타민C,
   베타캐로틴 함량이 풍부하다.
2. 된장은 여러 가지 암을 예방하
   는 효과가 있다.

1 물 8컵에 소금을 넣고 끓으면 무청
을 넣고 삶아 건집니다. 찬물에 2~3
번 씻은 후 물기를 꼭 짜주세요.

2 삶아 물기 짠 무청을 자르지 않고
그릇에 그대로 담고 된장, 청국장가
루, 다진 마늘을 넣고 무쳐줍니다.

3 냄비에 물 8컵, 사방 10cm 다시마 1
장, 다시용 멸치 한 줌, 건 표고버섯
3개를 넣고 끓으면 불을 끄고 뚜껑 덮어
10분간 우린 후 건더기를 건져줍니다.

4 여기에 양념에 무친 무청을 넣고 끓
여주세요.

5 무청이 보들하게 끓여지면 어슷썬
대파, 청양고추, 홍고추를 넣고 한
번 더 끓여주세요.

6 그다음 국간장을 넣고 마무리 간을
해줍니다.

닭개장

닭 1마리(1kg)
대파 2대/ 마늘 10톨/ 통후추 1/2
큰술/ 고사리 100g/ 단배추 1/2단
식용유 1큰술/ 다진 마늘 2큰술/ 고
춧가루 2큰술/ 소금 1/2큰술/ 국간
장 6큰술

1. 닭고기는 쇠고기와 돼지고기보
   다 지방이 적고 부드러우며, 지
   방이 근육 속에 섞여 있지 않
   기 때문에 소화 흡수가 잘된다.
2. 쇠고기보다 메티오닌, 라이신
   등의 필수아미노산 함량이 높
   아 쌀을 주식으로 하는 식생활
   에 부족한 필수아미노산을 보
   충해주는 효과가 있다.

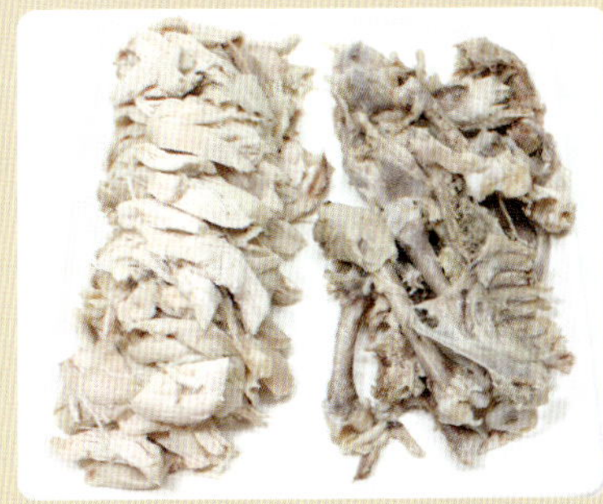

1 큰 냄비에 깨끗하게 씻은 닭과 길이
로 4등분한 대파 1대, 마늘, 통후추,
물 15컵을 붓고 삶아줍니다.

2 너무 무르게 삶지 말고 닭이 익으면
건져 뼈를 발라내고 살은 결대로 찢
어주세요.

3 살을 발라낸 닭뼈는 다시 냄비(1번
과정)에 넣고 국물이 우러나도록
삶아주세요. 체에 키친타월이나 면보를
1장 깔고 뼈를 삶은 국물을 부어 건더기
와 기름을 걸러줍니다.

4 단배추의 뿌리를 자르고 진잎, 농한
잎을 골라낸 후 국에 넣을 긴 줄기
와 넓은 잎을 반으로 잘라 씻어 끓는 물
에 소금을 넣고 살짝 데칩니다. 그리고
찬물에 헹궈 물기를 짜주세요.

5 대파 1대를 굵직하게 채썰고, 고사
리도 준비해줍니다. 그다음 달군 냄
비에 식용유와 다진 마늘을 넣고 살짝
볶아 향을 낸 후 고춧가루를 넣어 타지
않게 볶아줍니다.

6 준비해둔 단배추, 고사리, 닭고기를
넣고 섞이도록 한 번 볶은 후 국간
장으로 간을 합니다.

7 준비해둔 육수 12컵을 붓고 끓인 후
대파를 넣고 마무리 간을 해주세요.

참치캔 시래기 된장국

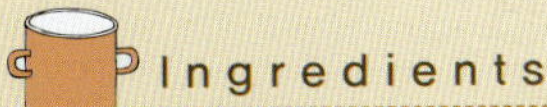

Ingredients

데친 단배추 400g
참치캔 1캔(150g)
멸치, 다시마, 표고버섯 우린 물 8컵
소금 1/2큰술/ 다진 마늘 1큰술/ 된장 2
큰술/ 대파 1대/ 방아잎(취향껏 준비)

1. 배추는 비타민C와 식이섬유질
   함량이 높다.
2. 식이섬유질은 장운동을 활발
   하게 해서 변비 예방에 좋다.
3. 참치는 EPA와 DHA가 풍부해
   두뇌발달과 눈 건강에 도움을
   준다.

1 진잎, 농한잎은 떼내고 뿌리를 잘라
다듬은 단배추를 깨끗하게 씻어줍
니다. 그리고 냄비에 물 8컵과 소금을 담
고 끓으면 단배추를 넣고 데쳐 건져내고
찬물에서 2~3번 씻어 물기를 짜줍니다.

2 데친 단배추, 다진 마늘, 된장을 그
릇에 넣고 조물조물 무쳐줍니다.

3 냄비에 물 8컵, 사방 10cm 다시마 1
장, 다시용 멸치 한 줌, 건 표고버섯
3개를 넣고 끓으면 불을 끄고 뚜껑 덮어
10분간 우린 후 건더기를 건져줍니다.

4 여기에 양념에 무친 단배추를 넣고
끓여주세요.

5 그다음 기름을 뺀 참치를 넣고 끓여
주세요.

6 굵직하게 채썬 대파를 넣고 마무리
간을 합니다. 방아잎을 넣으면 추어
탕 맛이 난답니다.

불고기전골

Ingredients

쇠고기 목살 불고기감 300g
멸치, 다시마, 표고버섯 우린 물 3컵
다진 마늘 1큰술/ 다진 양파 1/4개/
생 표고버섯 3장/ 팽이버섯 1봉지/
대파 1대/ 양파 작은 것 1개/ 당근
1/4개
간장 5큰술/ 청주 2큰술/ 설탕 1/2큰
술/ 물엿 1/2큰술/ 참기름 1/2큰술/
후추 1/2작은술+약간/ 참기름 1큰술

1. 버섯은 비타민D의 대표적인
   식물성 급원식품이다.
2. 비타민D는 햇빛을 받으면 체
   내에서 합성되지만 실내생활
   시간이 많거나 외부활동이 적
   은 겨울철에는 부족할 수 있으
   므로 섭취에 신경을 써야 한
   다.
3. 아이들은 미끈한 식감의 버섯
   을 좋아하지 않는 경향이 있으
   므로 고기와 함께 자연스럽게
   섭취시키는 것이 편식 교정에
   도움을 줄 수 있다.

1 쇠고기 목살 불고기감을 준비해 굵
  직하게 채썰어줍니다.

2 간장 4큰술, 청주, 다진 마늘, 다진
  양파, 설탕, 물엿, 참기름, 후추 1/2
  작은술을 섞은 양념을 넣고 재워주세요.

3 생 표고버섯은 기둥을 잘라내고 채
  썰어줍니다. 팽이버섯은 밑동을 자
  르고 길이로 반 잘라주세요. 대파, 양파,
  당근도 채썰어줍니다.

4 달군 뚝배기에 참기름을 두르고 양
  념한 불고기를 볶아주세요.

5 준비한 채소를 고기 위에 예쁘게 돌
  려 담아줍니다.

6 그리고 멸치, 다시마, 표고버섯 우
  린 물을 부어주세요.

7 끓이면서 간장 1큰술과 후추 약간
  을 넣고 마무리 간을 해줍니다.

조기매운탕

Ingredients

조기 5마리(400g)
1~1.5cm 두께 통으로 자른 무 2조각
멸치, 다시마, 표고버섯 우린 물 5컵
대파 1대/ 청양고추 2개/ 홍고추 1개/ 다진
마늘 1큰술
소금 1작은술/ 고춧가루 1큰술/ 된장 1/2큰
술/ 새우젓 1큰술

1. 조기는 단백질이 풍부하여 맛
   이 좋고 기운을 나게 해준다.
2. 맛이 좋아 우리나라 사람들이
   많이 좋아하고, 조기 자체의
   맛이 자극적이지 않기 때문에
   입맛이 없을 때 먹으면 입맛을
   돌게 한다.

1 조기의 내장과 아가미를 제거하고 지느러미도 말끔하게 가위로 잘라 줍니다.

2 손톱 끝으로 긁어 뼈에 붙은 피를 말끔하게 제거해야 비리지 않습니다.

3 흐르는 물에 깨끗하게 씻어 물기를 빼고 소금으로 밑간을 해줍니다.

4 냄비에 멸치, 다시마, 표고버섯 우린 물을 붓고 무 2조각을 6등분해 잘라 넣고 고춧가루와 된장을 넣고 끓여 주세요.

5 물이 끓으면 준비해둔 조기를 넣고 끓여줍니다.

6 그리고 새우젓을 넣어 간을 해주세요.

7 어슷썬 대파, 청양고추, 홍고추, 다진 마늘을 넣고 한 번 더 끓여주세요.

2장
내 아이 성장발육에 좋은
웰빙 반찬

칼슘이 한가득 알록달록 컬러푸드 파프리카 멸치전
배고프다 보챌 때 후딱 내가는 채소 달걀찜
야금야금 간식 같은 간단반찬 옥수수 맛살전
기억력을 새록새록 살려주는 DHA 결정체 고등어 카레구이
향긋 고소한 냄새로 아이를 밥상으로 이끄는 깻잎 감자전
인기만점 재료로만 만든 오물오물 참치 어묵조림
반짝반짝 머리 좋아지는 소리가 들리는 달콤고소한 아몬드 멸치볶음
입맛을 당겨주는 새콤새콤 미역귀 초고추장 무침
채소 편식 걱정을 싹 없애주는 콩나물 채소찜
아이 손길이 끊이지 않는 기특한 반찬 떡갈비조림
매콤함으로 아이 입맛 붙잡는 어묵 고추잡채
저칼로리 고단백의 최강 품절반찬 쇠고기 느타리버섯볶음
담백두부와 새콤케첩의 찰떡궁합 두부강정
아삭아삭한 질감을 즐기며 먹는 미역자반
조림장까지 싹싹 비벼 해치우는 닭가슴살 장조림
아이들이 꾸준히 찾는 반찬계의 스테디셀러 두부미역전
게 눈 감추듯 사라지는 폭풍인기 닭가슴살 채소말이조림
감칠맛 나는 나물홀릭 부지깽이나물
영양과 맛, 두 마리 토끼를 잡는 현명한 반찬 햄 참치 김치 고추전
기름지지 않은 산뜻한 맛으로 승부하는 두부탕수
골라 먹는 재미가 있는 유쾌한 반찬 세 가지맛 수제 어묵
없으면 허전한 감초반찬 북어포 무침
밥도 필요 없는 쫄깃쫄깃 닭잡채
엄마도 빼앗아 먹고 싶은 카레 어묵 동그랑땡
고루고루 영양섭취 도와주는 별미 두부잡채
쇠고기, 돼지고기 못지않은 맛의 1인자 닭볶음고기
맛의 발견! 끊을 수 없는 맛 어묵 겨자냉채

파프리카 멸치전

잔멸치 1컵
색색깔 파프리카 작은 것 1/2개씩/
양파 1/4개/ 달걀 1개/ 부침가루 3
큰술/ 포도씨유 약간

1. 파프리카는 비타민C의 함량이
   높고, 캡산틴, 라이코펜, 베타
   캐로틴, 제아잔틴, 루테인, 클
   로로젠, 색소 성분에 의해 선명
   한 색상을 지니며, 항산화 작
   용, 면역작용, 눈의 건강에 도
   움을 주는 컬러푸드이다.
2. 멸치는 대표적인 칼슘 식품으
   로 비타민C, 유기산과 함께 섭
   취하면 칼슘의 흡수가 높아지
   므로 파프리카와 함께 섭취하
   면 칼슘의 흡수를 더욱 높일
   수 있다.

1 잔멸치를 마른 팬에 볶아 짠맛과 비린내를 없애줍니다.

2 그다음 체에 담아 부스러기를 털어주세요.

3 그릇에 멸치를 담고 빨강, 주황, 노랑, 초록색 파프리카와 양파를 다져 담아줍니다.

4 그리고 달걀과 부침가루를 넣어주세요.

5 모두 고루 잘 섞어줍니다. 멸치가 짭조름하니 따로 소금간을 하지 않아도 된답니다.

6 달군 팬에 기름을 두르고 파프리카 멸치 반죽을 1큰술씩 떠 올려 앞뒤 노릇하게 구워주세요.

배고프다 보챌 때 후딱 내가는

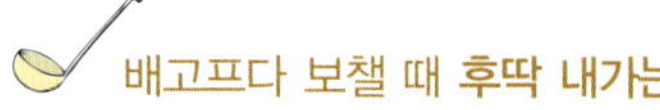

채소 달걀찜

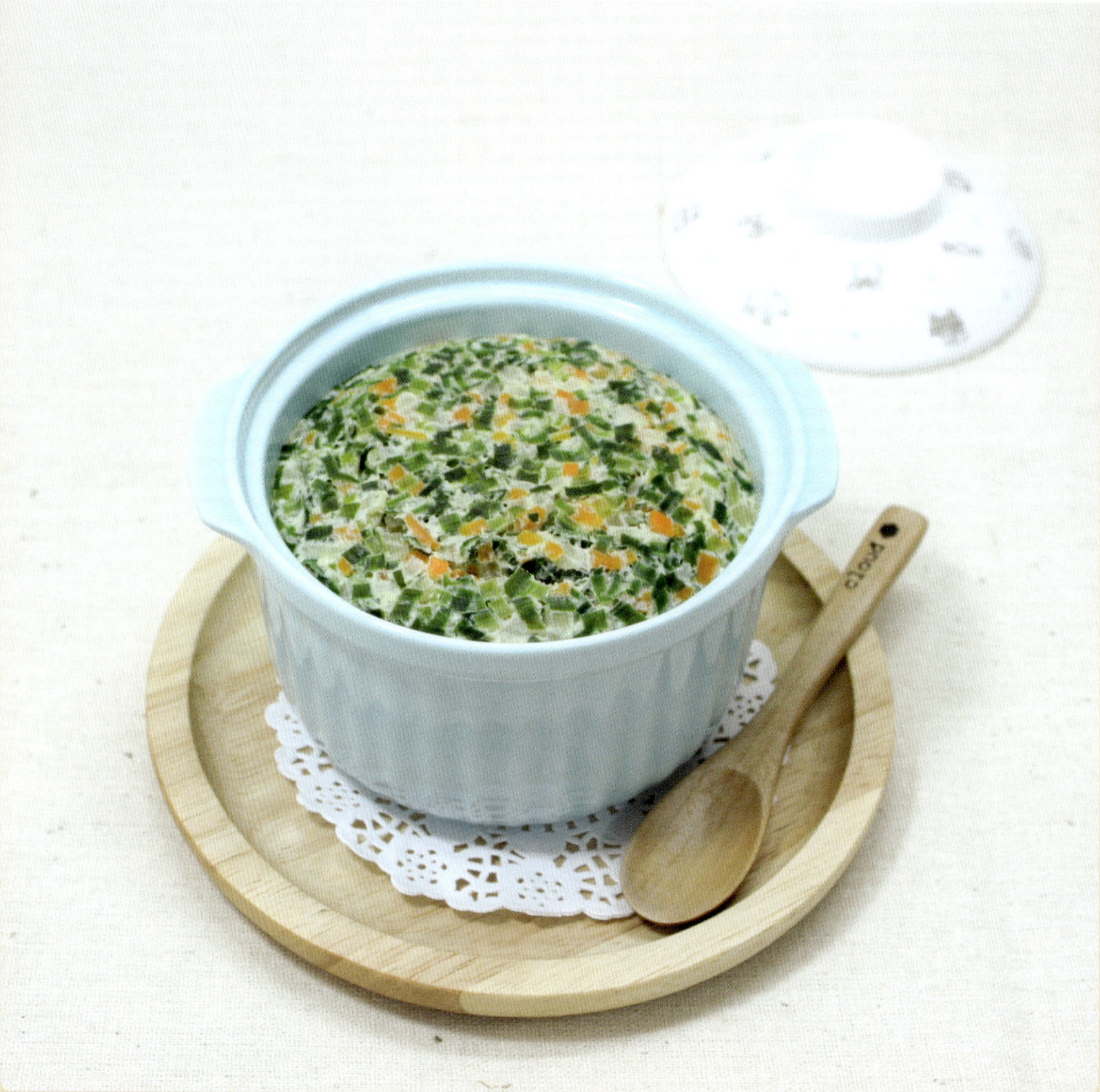

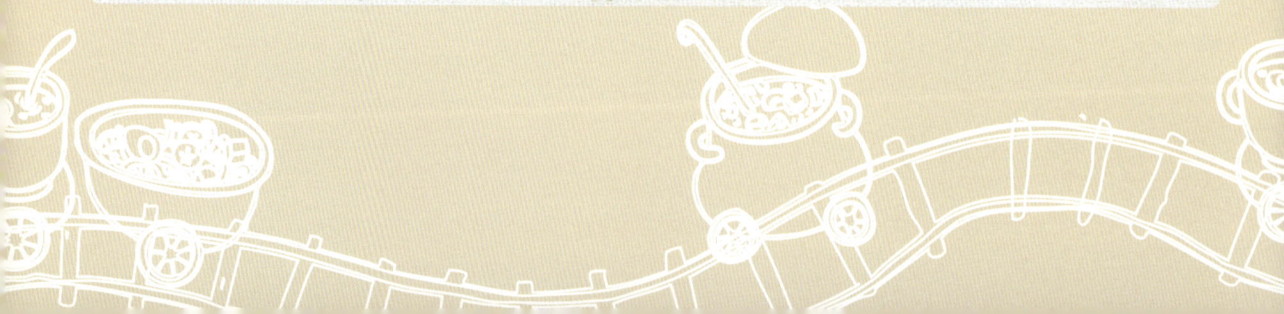

Ingredients

달걀 6개
멸치, 다시마 우린 물 3/4컵
양파 1/4개/ 다진 당근 4큰술/ 다
진 부추 4큰술/ 소금 1작은술

1. 달걀은 필수아미노산이 풍부하
   게 들어 있는 양질의 완전식품
   이다.
2. 달걀에는 비타민C와 식이섬유
   질이 없기 때문에 채소를 함께
   넣어주면 상호간에 영양소가
   보완된다.

1 그릇에 달걀과 소금을 넣고 풀어줍
니다.

2 체를 그릇에 걸어 달걀물을 한 번
내려주세요.

3 당근, 부추, 양파를 다져 준비해둡
니다.

4 준비한 달걀과 채소를 그릇에 담고
멸치, 다시마 우린 물을 부어 고루
잘 섞어줍니다.

5 섞은 것을 찜용기에 담아 김 오른
찜솥에 올려주세요.

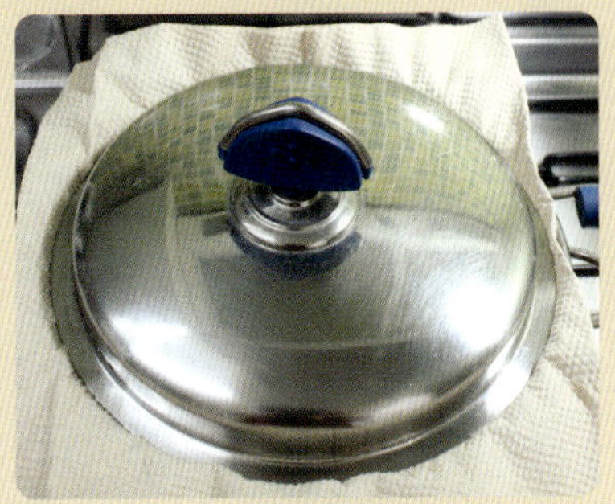

6 냄비 뚜껑에 맺히는 수증기가 달걀
위에 떨어지지 않도록 면보나 키친
타월로 덮고 냄비 뚜껑을 덮어주세요.
그리고 20~25분 정도 쪄줍니다.

옥수수 맛살전

Ingredients

맛살 5개(90g)/ 옥수수 5큰술
홍피망, 청피망 1/4개씩/ 양파 1/4
개/ 달걀 1개/ 부침가루 3큰술
소금 1/2작은술/ 후추 약간/ 포도
씨유 약간

1. 옥수수는 리놀레산이 풍부하고
   비타민E와 프로비타민A인 크
   립토잔틴이 함유되어 있다.
2. 반면 옥수수는 단백질과 나이
   아신 함량과 이용률이 낮은데,
   달걀 등 동물성 단백질과 함께
   섭취하면 옥수수에 부족한 영
   양소와 이용률을 높일 수 있
   다.

1 캔 옥수수를 체에 담아 흐르는 물에 씻고 물기를 빼줍니다.

2 맛살을 손으로 찢어 그릇에 담아줍니다.

3 홍피망, 청피망, 양파를 다져 옥수수와 함께 그릇에 담아주세요.

4 여기에 달걀, 부침가루, 소금, 후추 약간을 넣어줍니다.

5 그리고 고루 잘 섞어 반죽을 만들어 줍니다.

6 달군 팬에 기름을 두르고 반죽을 1큰술씩 떠 올려 앞뒤 노릇하게 구워 주세요.

고등어 카레구이

Ingredients

고등어 1마리
소금 1작은술/ 후추 1/3작은술/ 카
레가루 1큰술/ 전분가루 1/2큰술/
포도씨유 약간

1. 고등어는 등푸른생선으로 EPA
   와 DHA가 풍부하다.
2. EPA와 DHA는 오메가-3 불
   포화지방산으로 혈전의 예방
   및 기억력 증진, 뇌신경 발달
   에 도움을 준다.
3. 고등어에는 히스티딘이 많이
   들어있는데 부패가 시작되면
   히스타민으로 변하고, 히스타
   민에 의해 두통, 복통, 두드러
   기 증상이 나타나기 때문에 보
   관에 주의하되 자기소화효소
   활성이 강한 내장은 제거하는
   것이 좋다.

1 내장과 뼈를 제거한 고등어를 쌀뜨
물에 20분 정도 담가 핏물과 비린내
를 없애줍니다.

2 깨끗하게 씻은 고등어를 체에 담아
물기를 빼고 소금과 후추를 섞어 뿌
려 밑간을 해주세요.

3 카레가루와 전분가루를 섞어 체에
담고 고등어에 고루 뿌려줍니다.

4 그리고 가루가 촉촉하게 스며들게
잠시 두세요.

5 달군 팬에 포도씨유를 두르고 약한
불에서 앞뒤 노릇하게 구워줍니다.

깻잎 감자전

Ingredients

감자 큰 것 1개(300g)
깻잎 20장
소금 1작은술/ 포도씨유 약간

1. 깻잎은 베타캐로틴, 비타민C의 함량이 높고, 칼륨, 칼슘, 철분 등의 무기질 함량이 높은 알칼리성 식품이다.
2. 감자는 식물성 식품에는 부족한 라이신을 많이 함유하고 있고, 마그네슘이 풍부하게 들어 있다.
3. 감자는 칼륨의 함량이 높기 때문에 체내에서 나트륨 배출에 도움을 준다.

1 감자를 껍질 벗겨 강판에 갈아주세요. 그리고 볼에 물을 담은 후 강판에 간 감자를 넣어주세요. 감자를 갈아두면 검게 변하는 것도 방지됩니다.

2 물에 담가둔 간 감자를 그릇을 받친 체에 부어 섬유질과 전분이 물기가 빠지도록 최대한 둡니다.

3 강판에 간 감자가 담긴 체를 잠시 옮겨두고 가만히 두었던 그릇의 물을 따라내면 하얀 감자전분이 가라 앉아 있습니다. 천천히 위의 물만 버려주세요.

4 그리고 체에 건져두었던 감자를 담아줍니다.

5 여기에 잘게 잘라 준비해둔 깻잎과 소금을 넣고 고루 잘 섞어주세요.

6 달군 팬에 포도씨유를 두르고 반죽을 1큰술씩 떠 올려 중간불에서 앞뒤 노릇하게 구워주세요.

참치 어묵조림

Ingredients

구멍 어묵 8개
참치캔 1캔(150g)
멸치, 다시마 우린 물 1컵
풋고추, 홍고추 1개씩/ 다진 양파
작은 것 1/2개/ 달걀 노른자 1개/
생강 1톨
소금 1/2작은술/ 후추 약간/ 간장
3큰술/ 맛술 3큰술/ 설탕 1큰술/
물엿 1큰술/ 통깨 약간

Nutrition Tip

1. 참치의 EPA와 DHA는 두뇌발
   달 및 시력보호 효과가 있다.
2. 참치의 EPA와 DHA는 혈중
   콜레스테롤의 수치를 낮추고
   혈전을 용해하며, 심혈관질환
   을 예방한다.

1 구멍 어묵에 팔팔 끓인 물을 부어 기름기를 제거해줍니다.

2 그다음 참치를 손으로 꼭 짜 기름을 최대한 빼줍니다.

3 그릇에 기름 뺀 참치를 담고 씨를 제거하고 다진 풋고추, 홍고추, 다진 양파, 달걀 노른자, 소금, 후추 약간을 넣고 고루 잘 섞어주세요.

4 구멍 어묵 속에 참치속을 꽉꽉 채워줍니다. 젓가락을 이용하면 편하답니다.

5 냄비에 간장, 맛술, 설탕, 물엿, 멸치, 다시마 우린 물, 후추 약간, 생강 1톨을 저며 넣고 끓여줍니다. 조림장이 끓으면 중~약불 정도로 조절해 어묵을 굴리며 조립니다.

6 바닥에 조림장이 살짝 남을 정도로 조린 후 한 김 식으면 적당한 두께로 잘라줍니다. 어묵을 그릇에 담고 남은 조림장을 위에 살짝 끼얹어준 후 통깨를 뿌려줍니다.

반짝반짝 머리 좋아지는 소리가 들리는 **달콤고소한**

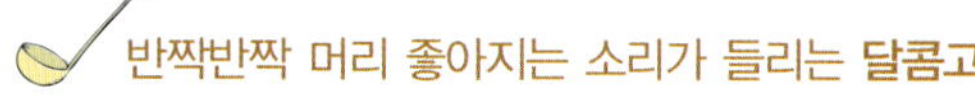

아몬드 멸치볶음

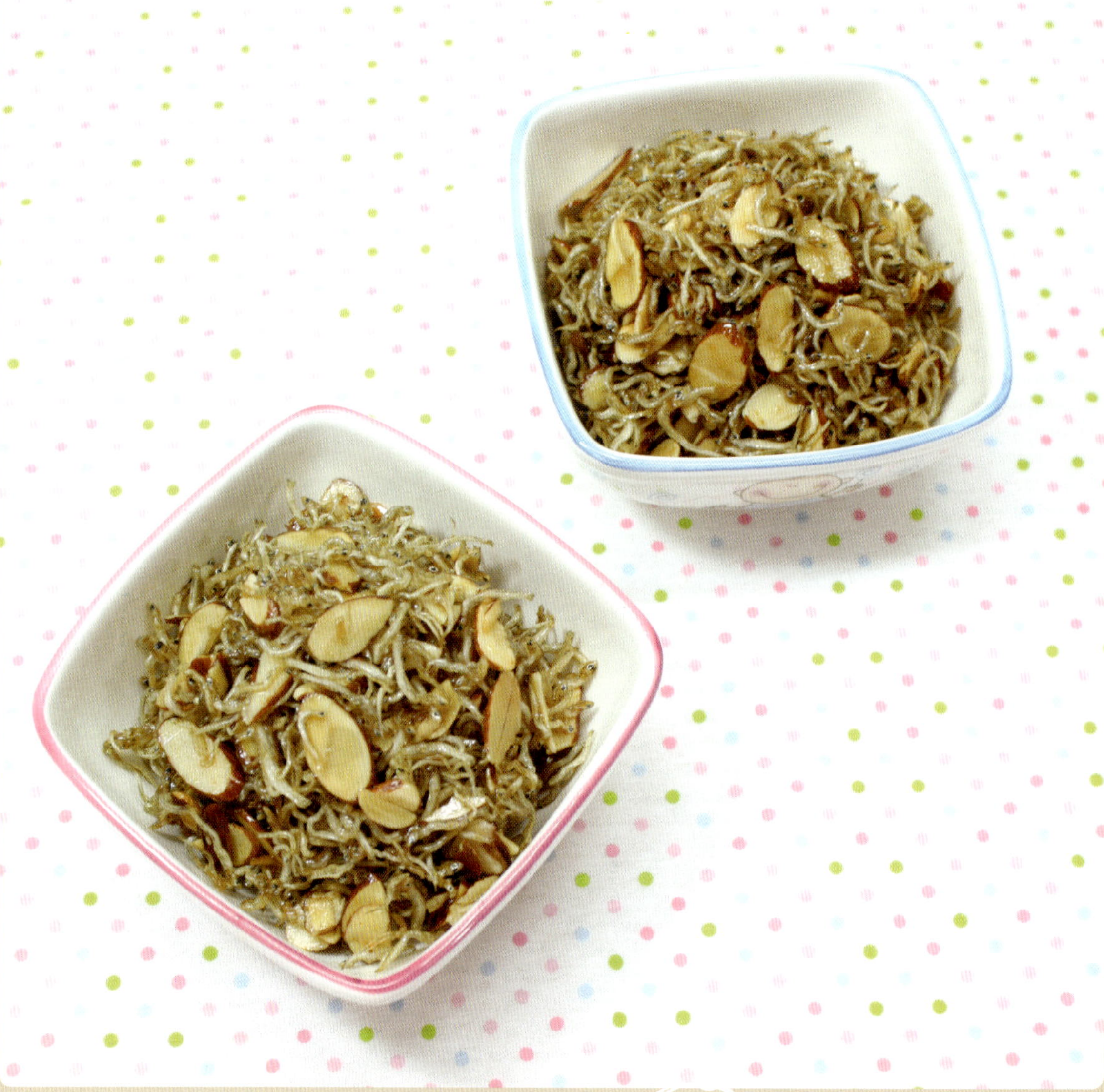

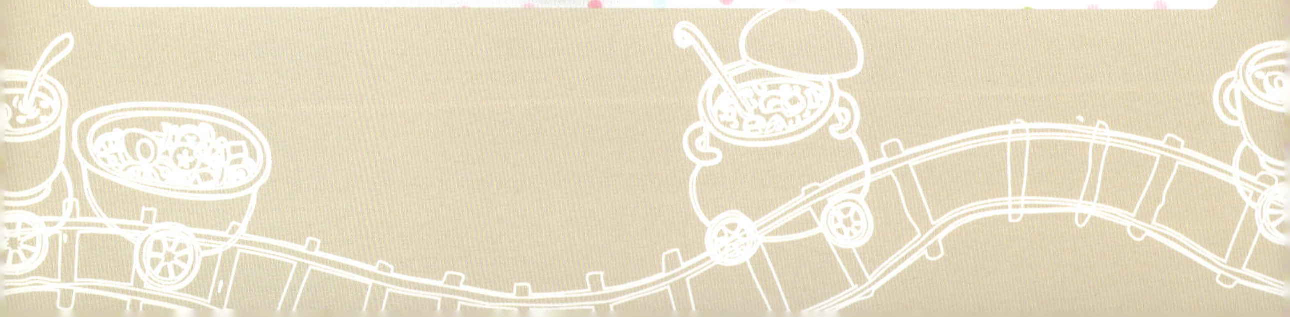

Ingredients

잔멸치 2컵
슬라이스 아몬드 1컵
포도씨유 1큰술/ 간장 3큰술/ 맛술
3큰술/ 꿀 2큰술

Nutrition Tip

1. 아몬드는 불포화지방산의 함량
   이 높아 동맥경화를 예방한다.
2. 아몬드는 비타민E의 함량이
   높기 때문에 세포막의 손상을
   방지해준다.
3. 아몬드는 냄새를 잘 흡수하기
   때문에 밀봉해서 보관해야 한
   다.

1 슬라이스 아몬드를 기름 없는 마른
  팬에 까실하게 한 번 볶아줍니다.

2 잔멸치도 기름 없는 마른 팬에 까실
  하게 볶아주세요.

3 그리고 체에 받쳐 부스러기를 한 번
  털어줍니다.

4 달군 팬에 포도씨유를 두른 후 멸치
  와 아몬드를 넣고 볶아주세요.

5 간장과 맛술을 섞은 양념을 팬에 담
  고 끓어오르면 기름에 볶은 멸치와
  아몬드를 넣고 양념과 고루 섞이도록 볶
  듯이 졸여줍니다.

6 불을 끄고 꿀을 넣어 고루 잘 버무
  려주세요.

미역귀 초고추장 무침

Ingredients

미역귀 2컵(40g)
포도씨유 2큰술/ 고추장 2큰술/ 식
초 1큰술/ 설탕 1큰술/ 다진 마늘
1/2큰술/ 통깨 약간

Nutrition Tip

1. 미역의 머리 부분인 미역귀는 식이섬유질의 함량이 높고 점질물과 다당류가 풍부하여 배변활동 및 정장작용에 효과적이다.
2. 미역의 점질물과 다당류는 체내에서 콜레스테롤이 흡수되는 것을 방지하고 중금속을 배출하는 효과가 있다.

1 말린 미역귀를 손으로 뜯어주세요. 미역귀를 뜯어내고 나오는 단단하고 질긴 심 부분은 버려주세요.

2 한 입 크기로 뜯은 미역귀를 약간 축축한 면보로 닦아주세요. 손에 의해 미역귀에 붙은 이물질들이 많이 떨어집니다. 그렇게 손질한 미역귀를 2컵 준비해주세요.

3 달군 팬에 포도씨유를 두르고 미역귀를 고루 볶아줍니다. 미역귀를 기름에 볶아 양념에 무치면 미역귀에서 진득하게 나오는 진이 없어 깔끔하게 먹을 수 있습니다.

4 볶은 미역귀를 키친타월에 올려 기름을 빼주세요.

5 그릇에 담아 양념(고추장, 식초, 설탕, 다진 마늘)을 넣고 고루 버무린 후 통깨를 뿌려주세요. 밀폐용기에 담아 하루 지난 후 먹으면 더욱 꼬들하게 씹혀 맛있답니다.

콩나물 채소찜

Ingredients

콩나물 300g
미나리 한 줌(50g)
당근 1/2개/ 양파 1/4개/ 대파 1대
참기름 1큰술/ 고춧가루 2큰술/ 다
진 마늘 1+1/2큰술/ 소금 2작은술/
전분가루 2큰술/ 통깨 약간

Nutrition Tip

1. 콩나물은 섬유질이 많고 아스
   파라긴을 함유하여 피로회복에
   도움을 준다.
2. 콩나물은 칼륨 함량이 높아 체
   내의 나트륨을 배설하는 역할
   을 한다.
3. 미나리는 정유 성분인 이소람
   네틴, 페르시카린, 알파피넨,
   미르센이 함유되어 있어서 해
   독작용을 하고 열을 내려준다.

1 콩나물을 깨끗하게 씻어주고, 미나리는 다듬어 씻어 줄기 부분만 준비해서 콩나물 길이만큼 잘라주세요. 당근과 양파를 채썰어주고 대파는 어슷하게 썰어줍니다.

2 냄비에 물 1/2컵을 붓고 콩나물을 담고 참기름을 넣어 볶아줍니다. 콩나물이 부서지지 않게 냄비 바닥 쪽 콩나물이 살짝 익으면 뒤집어주는 식으로 볶아줍니다.

3 콩나물이 거의 익어갈 때쯤 준비해둔 미나리, 당근, 양파, 대파를 넣고 재빨리 섞어주세요.

4 고춧가루, 다진 마늘, 소금을 넣고 재빨리 볶아줍니다. 그래야 콩나물이 아삭하니 맛있어요.

5 그리고 전분가루와 물 4큰술로 만든 녹말물을 붓고 덩어리지지 않게 재빠르게 볶아줍니다. 볶은 후 접시에 담고 통깨를 뿌려주세요.

떡갈비조림

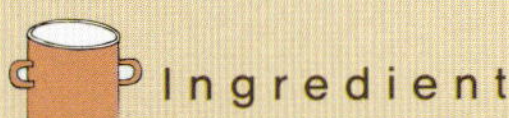

Ingredients

쇠고기 다짐육 350g
가래떡 2줄
다진 마늘 1큰술/ 대파 1대/ 양파
작은 것 1/2개
간장 7큰술/ 맛술 4큰술/ 매실 원
액 1큰술/ 설탕 2큰술/ 후추 1/2작
은술/ 참기름 1/2큰술/ 물엿 1큰술

1. 떡갈비는 쇠고기를 다져서 사
   용하기 때문에 근섬유가 잘라
   져 소화, 흡수되기 쉽다.
2. 양파가 쇠고기의 지방이 체내
   에 흡수되는 것을 막아주는 역
   할을 한다.
3. 지나치게 달게 조리하지 않도
   록 주의한다.

1 쇠고기 다짐육을 그릇에 담고 다진 마늘, 대파, 양파를 잘게 다져 넣어 고루 잘 섞어줍니다.

2 그리고 간장 4큰술, 맛술 2큰술, 매실 원액, 설탕 1큰술, 후추를 섞은 양념을 붓고 고루 잘 섞이도록 열심히 치대줍니다.

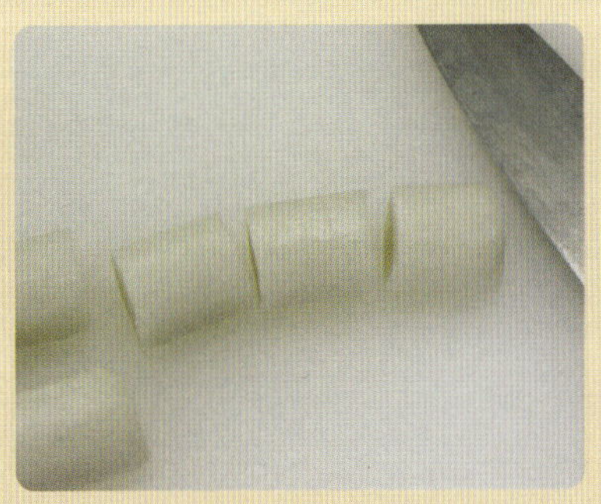

3 냉동실에 얼려둔 가래떡을 실온에 미리 꺼내어 말랑하게 해동한 후 2.5~3cm 길이로 잘라줍니다.

4 냉장고에 넣어 1시간 숙성시킨 고기 반죽을 꺼내어 1숟가락 정도 떠서 둥글게 빚어줍니다. 여기에 준비해둔 가래떡을 꽂아 버섯 모양을 만듭니다.

5 오븐팬에 종이호일을 1장 깔아 고기를 올리고 컨벡션기능 210도에서 예열한 후 15분간 구워줍니다. 중간단에서 반 정도 굽다가 아랫단으로 옮겨 반을 구워주세요.

6 팬에 간장 3큰술, 맛술 2큰술, 물 1/3컵, 참기름, 설탕 1큰술, 물엿을 넣고 끓여줍니다. 약~중불 사이로 조절한 후 떡갈비를 넣고 조림장을 떠 얹어주면서 조립니다.

어묵 고추잡채

Ingredients

사각어묵 4장
풋고추 5개/ 양파 1/4개
간장 3큰술/ 맛술 3큰술/ 참기름 1
큰술/ 설탕 1큰술/ 후추 약간/ 포
도씨유 1/2큰술/ 통깨 약간

1. 고추는 비타민C와 A가 풍부하
   다.
2. 고추의 매운맛 성분인 캡사이
   신은 항산화와 항암 작용 및
   혈중 콜레스테롤 강하 효과가
   있다.
3. 캡사이신은 고추 속에 있는 태
   좌 부분에 많기 때문에 손질
   시 제거하지 말고 함께 섭취하
   면 좋다.

1 사각어묵을 길이가 짧은 쪽으로 채
  썰어줍니다.

2 채썬 어묵을 체에 담아 팔팔 끓인
  물을 부어 기름을 한 번 제거한 후
  물기를 최대한 빼주세요.

3 깨끗하게 씻어 꼭지 뗀 풋고추를
  반으로 잘라 티스푼을 이용해 씨를
  긁어 제거하고 곱게 채썰어줍니다. 양파
  도 곱게 채썰어주세요.

4 간장, 맛술, 참기름, 설탕, 후추 약
  간을 섞어 양념장을 만들어줍니다.

5 달군 팬에 포도씨유를 두르고 채썬
  양파와 고추를 먼저 살짝 볶아주세
  요.

6 그리고 물기 뺀 채썬 어묵을 넣고
  어묵이 쫄깃하고 까실하도록 볶아
  줍니다.

7 준비해둔 양념장을 붓고 살짝 끓이
  면서 고루 섞이도록 볶아준 후 접시
  에 담고 통깨를 솔솔 뿌려줍니다.

쇠고기 느타리버섯볶음

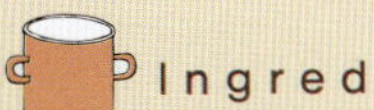

쇠고기 안심 200g
애느타리버섯 200g
홍고추, 청고추 1개씩
간장 2큰술/ 맛술 2큰술/ 설탕 1큰
술/ 다진 마늘 1/2큰술/ 참기름
1/2큰술/ 후추 약간/ 소금 1/2작은
술

1. 쇠고기는 성장에 필요한 단백
   질이 풍부하다.
2. 느타리버섯은 칼로리가 낮고
   식이섬유질이 많아 포만감을
   주며 쫄깃쫄깃한 질감이 쇠고
   기와 잘 어울린다.

1 쇠고기 안심을 채썰어 그릇에 담고 간장, 맛술, 설탕, 다진 마늘, 참기름, 후추 약간을 넣고 고루 섞어준 양념을 넣어 재워둡니다.

2 애느타리버섯을 끓는 물 6컵에 넣고 살짝 데쳐줍니다. 그리고 체에 건져 가닥가닥 떼어준 후 물기를 꼭 짜주세요.

3 버섯을 그릇에 담고 소금으로 밑간을 해줍니다.

4 달군 팬에 양념해둔 쇠고기를 볶아주세요.

5 고기가 거의 익어갈 즘에 준비해둔 버섯을 넣고 볶아줍니다.

6 그리고 씨를 털어낸 홍고추, 청고추를 채썰어 넣고 한 번 더 볶아주세요.

두부강정

Ingredients

두부 1모(400g)
전분가루 4큰술
소금 1/2작은술/ 설탕 1/2큰술/ 통
깨 또는 검정깨 약간
고추장 1/2큰술/ 케첩 2큰술/ 핫소
스 2큰술/ 물엿 1/2큰술/ 청주 2큰
술

Nutrition Tip

1. 두부는 식물성의 저지방 고단
   백 식품으로 고기에 비해 열량
   이 낮고, 콜레스테롤을 강하시
   킨다.
2. 케첩에는 염분이 많이 들어 있
   기 때문에 가급적 소량을 사용
   하도록 하며, 케첩 대신 토마
   토를 이용하는 것도 좋은 방법
   이다.

1 두부를 길쭉하게 깍둑썰기 해주고
소금을 뿌려 밑간을 합니다.

2 밑간한 두부에 생긴 물을 키친타월
로 닦아줍니다.

3 전분가루를 묻혀 촉촉하게 스미게
둡니다.

4 달군 팬에 기름을 두르고 전분가루
가 촉촉하게 스민 두부를 구워주세
요.

5 고추장, 케첩, 핫소스, 물엿, 설탕,
청주를 섞어 소스를 만듭니다.

6 소스팬에 케첩소스를 담고 끓기 시
작하면 두부를 넣고 뒤적이면서 끓
여줍니다. 그런 다음 접시에 담고 통깨
를 살짝 뿌려줍니다.

미역자반

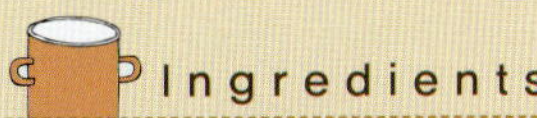

Ingredients

자른 미역 1봉지(50g)
포도씨유 2큰술/ 꿀 3큰술

1. 미역은 요오드의 함량이 높아 갑상선호르몬 생성 및 기능 유지에 도움을 준다.
2. 미역의 알긴산은 혈압 조절, 변비의 예방 및 치료에 효과가 있다.
3. 미역에는 철분이 풍부하여 조혈작용을 한다.

1 씻거나 자를 필요 없는 마트용 포장 미역 1봉지를 준비합니다.

2 달군 팬에 포도씨유를 두르고 자른 미역을 봉지에서 뜯어 바로 넣어주세요.

3 미역에 기름이 고루 스미도록 달달 볶아주세요.

4 그리고 볶은 미역에 꿀을 넣어주세요.

5 꿀을 넣으면 자글자글하면서 끓습니다. 그럼 바로 불을 끄고 재빨리 고루 버무려주세요.

닭가슴살 장조림

Ingredients

메추리알 30개
닭가슴살 1팩(500g, 5조각)
꽈리고추 28개
멸치, 다시마 우린 물 1컵
대파 1대/ 통후추 1/2작은술/ 간장
8큰술/ 설탕 1큰술/ 물엿 1큰술/
청주 2큰술/ 참기름 1큰술/ 소금
약간

Nutrition Tip

1. 닭가슴살은 저지방 고단백 식
   재료로 융점이 낮아 차게 먹어
   도 부드러운 장점을 가지고 있
   기 때문에 밑반찬으로 활용하
   는 것이 좋다.
2. 닭고기에 꽈리고추를 함께 넣
   어주면 닭고기와 메추리알에
   부족한 비타민C를 보충해주고
   항산화 효과와 방부효과를 나
   타낸다.

1. 메추리알을 소금 넣은 물에 삶아 건진 후 찬물에 충분히 헹궈 껍질을 벗기면 잘 벗겨집니다.

2. 닭가슴살을 깨끗하게 씻어 끓는 물 5컵에 넣고 삶아 건져줍니다.

3. 한 김 식으면 가슴살을 결대로 찢어주세요.

4. 냄비에 조림장(간장, 설탕, 물엿, 청주, 멸치, 다시마 우린 물)을 담고 깨끗하게 씻은 대파와 통후추를 넣어줍니다.

5. 여기에 준비해둔 메추리알과 닭가슴살을 넣고 함께 끓여줍니다. 한 번 끓으면 불을 줄이고 뒤섞어주면서 조립니다.

6. 조림장이 반 정도 줄면 깨끗하게 씻어 꼭지를 뗀 꽈리고추를 넣고 함께 조립니다.

7. 냄비에 조림장이 자작하게 1/4 정도 남았을 즘 참기름을 넣고 뒤섞어 한 번 살짝 끓이고 불에서 내려줍니다.

두부미역전

Ingredients

미역 1인분(10g, 자른 미역 종이컵으로 1/3컵)
단단한 부침용 두부 1/4모(100g)
달걀 1개/ 부침가루 5큰술/ 소금 1/2~1작은술/ 포도씨유 약간

1. 미역은 식이섬유질이 풍부하다.
2. 미역의 알긴산은 중금속이나 콜레스테롤 등을 흡착하여 배출하는 역할을 가지고 있다.
3. 두부에는 부족한 식이섬유질과 무기질을 미역이 보충해준다.

1 미역을 물에 불린 후 체에 건져 씻어 물기를 최대한 꼭 짜고 잘게 잘라줍니다.

2 단단한 부침용 두부를 면보 깐 도마에 올려 칼등으로 으깨주세요.

3 두부를 면보로 감싸 물기를 최대한 꼭 짜줍니다.

4 준비한 미역과 두부를 그릇에 담습니다. 그리고 달걀, 부침가루, 소금을 넣고 고루 잘 섞어줍니다.

5 반죽 상태를 봐서 물을 1~2큰술 정도 넣어주세요.

6 달군 팬에 포도씨유를 두르고 반죽을 1큰술씩 떠 올려 앞뒤 노릇하게 구워줍니다.

닭가슴살 채소말이조림

Ingredients

닭가슴살 3조각
색색깔 파프리카 1/3개씩/ 적채 1/4통
2장/ 깻잎 4장
밀가루 약간/ 허브솔트 2작은술/ 간장
6큰술/ 청주 3큰술/ 설탕 1큰술/ 물엿 1
큰술/ 후추 1/2작은술/ 참기름 1/2큰술

1. 지방이 적고 담백한 닭가슴살
   에는 비타민C와 식이섬유질이
   없기 때문에 파프리카와 함께
   섭취하면 비타민C와 식이섬유
   질이 보완된다.
2. 적채는 자색의 컬러푸드로 안
   토시아닌이 많이 들어 있다.
3. 안토시아닌은 항산화, 항균, 콜
   레스테롤 저하 작용 등 다양한
   생리활성 작용을 하고, 기관지
   염, 천식 등의 호흡기질환에도
   효과를 나타낸다.

1 빨, 주, 노, 초록색의 파프리카와 적
채를 채썰어줍니다.

2 깨끗하게 씻어 물기를 털어낸 깻잎
뒷면에 밀가루를 묻혀주고 여분은
털어주세요.

3 닭가슴살의 두툼한 살 1/3을 살점이
떨어지지 않게 포를 떠줍니다. 그리
고 뒤집어 나머지 두툼한 살을 반으로
저며 포를 떠줍니다.

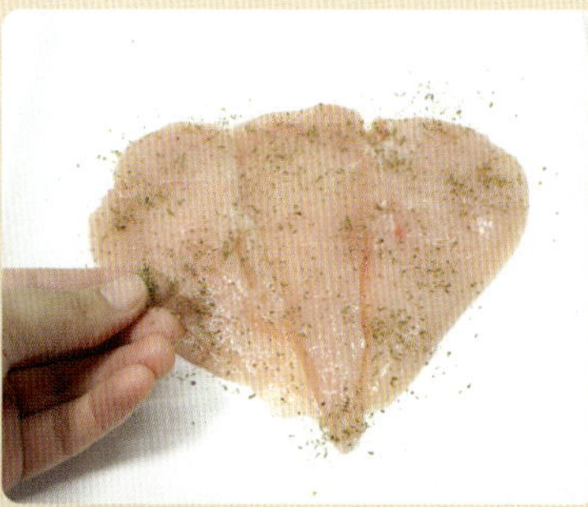

4 그다음 얇게 저며 넓게 펼친 닭가슴
살에 허브솔트로 밑간을 해줍니다.

5 밑간해둔 닭가슴살에 깻잎의 밀가
루를 묻힌 쪽이 맞붙도록 올려줍니
다. 그리고 깻잎 위에 굵게 채썬 색색깔
파프리카와 적채를 올려주세요.

6 김밥 말듯 꼭꼭 말아서 이쑤시개로
고정해줍니다.

7 팬에 간장, 청주, 설탕, 물엿, 후추,
참기름, 물 1컵을 넣고 끓기 시작하
면 약~중불에서 채소말이 닭가슴살을
넣고 조림장을 끼얹어주며 조립니다. 양
념이 고루 배도록 돌리며 졸여주세요.

부지갱이나물

Ingredients

말린 부지깽이나물 70g
다진 마늘 1큰술/ 국간장 3큰술/
들기름 3큰술

1. 부지깽이나물은 단백질, 칼슘 및 나이아신이 풍부하여 성장기 아동에게 매우 좋다.
2. 부지깽이나물은 항산화물질인 카테킨이 많아 면역력 증가에 도움을 주고 지방 분해효과로 비만아동에게도 좋다.
3. 특히, 부지깽이나물은 조직이 연하고 씹는 느낌이 아주 부드러워서 아동들이 먹기에 좋은 채소이다.

1 말린 부지깽이나물을 냄비에 물 8컵과 함께 담고 삶아줍니다. 팔팔 끓어오르면 10분간 더 삶아준 후 불을 끄고 냄비 뚜껑을 덮고 그대로 5시간 동안 불려줍니다.

2 그다음 3~4번 찬물에 흔들어 씻어 체에 건져 물을 빼주세요. 손으로 물을 꼭 짜지 않고 체에 담은 채로 물을 빼주세요. 물을 너무 짜버리면 나물에 촉촉함이 없답니다.

3 물기 짠 나물을 칼로 숭덩숭덩 잘라주세요.

4 나물을 그릇에 담고 다진 마늘과 국간장을 넣고 조물조물 무쳐주세요.

5 달군 팬에 들기름을 두르고 양념에 무친 부지깽이나물에 들기름이 쏙쏙 배어들도록 들들 볶아주세요.

햄 참치 김치 고추전

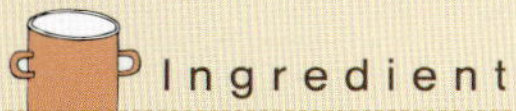

참치캔 1/2캔(70g)
캔햄 1/2캔(100g)
다진 묵은 김치 6큰술(140g)
풋고추 12개
다진 양파 4큰술/ 빵가루 2큰술/
밀가루 1큰술/ 달걀 1개/ 후추 약
간/ 포도씨유 약간

Nutrition Tip

1. 고추는 비타민C가 풍부하고
   캐로틴이 풍부하게 들어 있다.
2. 고추에 들어 있는 매운맛 성분
   인 캡사이신은 항산화, 항암
   작용을 하고 혈중 콜레스테롤
   수치를 감소시켜주는 역할을
   한다.
3. 햄에는 비타민이나 식이섬유
   질이 부족하기 때문에 김치와
   고추를 함께 사용하면 햄에 부
   족한 영양소를 채워주는 역할
   을 한다.

1 참치를 체에 담고 손으로 조물거려
  줍니다. 참치 덩어리를 없애주는 동
  시에 기름도 꼭 짜주세요.

2 기름을 꼭 짜 보슬해진 참치, 줄기
  부분을 물기 없이 다진 묵은 김치 3
  큰술(70g), 다진 양파 2큰술, 빵가루 1큰
  술, 후추 약간, 그리고 알끈 없이 푼 달걀
  2큰술을 그릇에 넣고 고루 섞어줍니다.

3 햄을 끓는 물에 넣고 한 번 데쳐 건
  져줍니다.

4 다진 햄, 줄기 부분을 물기 없이 다
  진 묵은 김치 3큰술(70g), 다진 양파
  2큰술, 빵가루 1큰술, 후추 약간, 그리고
  알끈 없이 푼 달걀 2큰술을 그릇에 넣고
  고루 잘 섞어줍니다.

5 꼭지를 떼고 반을 갈라 씨를 긁어낸
  풋고추 안쪽에 밀가루를 묻혀주고
  여분의 밀가루는 탈탈 털어줍니다.

6 그리고 준비해둔 참치와 햄으로 각
  각 속을 채워 모양을 잡아주고 밀가
  루를 살짝 묻힌 후 달걀물을 입혀줍니
  다. 참치와 햄 반죽에 넣고 남은 달걀을
  사용하세요.

7 달군 팬에 포도씨유를 두르고 약한
  불에서 노릇하게 구워주세요.

두부탕수

Ingredients

단단한 부침용 두부 1모(400g)
당근 1/2개/ 오이 1/2개/ 마늘 2쪽/
대파 1/2대
소금 1작은술/ 감자전분 4큰술/ 튀
김기름 약간/ 포도씨유 1큰술/ 케첩
4큰술/ 설탕 2큰술/ 식초 2큰술/
간장 2큰술/ 참기름 1/2큰술

1. 두부를 이용한 탕수요리는 고기를 사용한 것과는 달리 부드러운 식감을 낸다.
2. 두부는 저지방 식품이기 때문에 튀겨내도 부담이 덜하고 리놀레산을 섭취할 수 있는 장점이 있다.

1 단단한 부침용 두부를 길쭉하게 손가락 굵기로 자른 후 소금으로 밑간을 해주세요.

2 소금이 두부에 스며들고 물이 생기면 키친타월로 물기를 닦은 후 감자전분 3큰술을 고루 잘 묻혀줍니다.

3 그리고 기름에 노릇하게 튀겨주세요. 튀긴 두부는 키친타월에 올려 기름을 빼 준비해둡니다.

4 당근을 어슷하게 썰고 반으로 잘라줍니다. 오이는 소금으로 문질러 씻어 어슷하게 썰고 반으로 잘라줍니다. 그리고 마늘과 대파를 채썰어줍니다.

5 달군 팬에 포도씨유를 두르고 마늘과 대파를 먼저 볶아 향을 내준 후 당근과 오이를 넣고 볶아주세요.

6 그다음 케첩을 넣고 고루 섞듯이 볶아준 후 설탕, 식초, 간장, 물 1컵을 섞은 양념을 붓고 끓여줍니다.

7 끓으면 물 2큰술과 감자전분 1큰술을 섞은 녹말물을 넣고 걸쭉하게 농도를 맞춰주세요. 그리고 마지막에 참기름을 넣어주세요.

세 가지맛 수제 어묵

Ingredients

생선살(흰살생선) 800g
달걀 1개/ 튀김가루 1/2컵/ 감자전
분가루 1/2컵/ 카레가루 1큰술
다진 양파 1개/ 다진 김치 100g/
청고추, 홍고추 3개씩/ 다진 부추
70g/ 깻잎 20장
소금 2작은술/ 후추 1작은술/ 튀김
기름 약간/ 케첩 2큰술/ 핫소스 6
큰술/ 꿀 2큰술/ 고추장 1큰술

1. 어묵은 생선이 주재료가 되는
   식품이지만, 가공 과정 중에 사
   용되는 첨가제나 위생상의 문
   제로 인해 불량식품이라는 인
   식을 가지고 있다.
2. 그러나 집에서 지방이 적고 담
   백한 흰살생선과 각종 채소를
   이용하여 어묵을 만들어주면
   영양적으로, 위생적으로 우수
   한 간식으로 이용할 수 있다.

1 흰살생선은 최대한 물기가 없는 것
  으로 믹서에 갈아주세요.

2 큰 그릇에 간 생선살을 담고 달걀,
  튀김가루, 감자전분가루, 다진 양
  파, 소금, 후추를 넣고 고루 섞어 치대줍
  니다. 이렇게 만든 반죽을 1/3씩 그릇에
  나누어주세요.

3 첫 번째 어묵 반죽에 물기 뺀 다진
  김치를 넣고 섞어줍니다.

4 두 번째 어묵 반죽에 카레가루와 씨
  를 털어낸 청고추와 홍고추를 다져
  넣어 섞어주세요.

5 세 번째 어묵 반죽에 부추와 깻잎을
  다져 넣고 섞어줍니다.

6 반죽을 달궈진 기름에 중~약불로
  튀겨주세요. 반죽을 숟가락으로 떠
  서 밀어 넣어줍니다. 노릇하게 튀겨지면
  키친타월을 깔아둔 체반에 건져 기름을
  빼주세요.

7 케첩, 핫소스, 꿀, 고추장을 섞어 매
  콤달콤한 소스를 만들어 찍어 드세
  요.

북어포 무침

Ingredients

북어포 1마리
쪽파 3~4뿌리
식초 2큰술/ 설탕 1큰술/ 고추장 2
큰술/ 고춧가루 1큰술/ 간장 1큰술/
맛술 1큰술/ 물엿 1큰술/ 통깨 1큰
술/ 다진 마늘 1/2큰술/ 참기름 1/2
큰술

1. 북어에는 성장에 필요한 라이
   신과 트립토판이 풍부하게 함
   유되어 있다.
2. 북어를 가열 조리하면 티오프
   롤린과 같은 아미노산이 생성
   되어 체내에 발암물질이 축적
   되는 것을 막아준다.

1 머리와 꼬리를 자른 북어포를 손으로 찢어줍니다. 뼈와 붙어 있던 껍질도 말끔하게 떼내면서 찢어주세요.

2 그릇에 물을 담고 찢은 북어포를 넣고 바로 꺼내 물기를 꼭 짜줍니다. 북어포는 물에 넣자마자 스펀지가 물을 흡수하듯 금세 흠뻑 젖으니 바로 꺼내 물을 꼭 짜줍니다.

3 북어포에 식초, 설탕, 물 2큰술을 섞은 단촛물을 부어 잠시 재워둡니다. 무침양념을 만드는 시간 정도면 됩니다.

4 단촛물에 재워둔 북어포를 꼭 짜 물기를 한 번 더 제거합니다.

5 큰 그릇에 물기를 없앤 북어포를 담고 고추장, 고춧가루, 간장, 맛술, 물엿, 통깨, 다진 마늘, 참기름으로 만든 무침양념을 넣어주세요.

6 그다음 송송 썬 쪽파를 넣고 무쳐줍니다.

닭잡채

Ingredients

닭가슴살 2조각(170g)
양파 1/2개/ 당근 1/4개/ 피망 1개
허브솔트 1작은술/ 간장 3큰술/ 맛
술 3큰술/ 참기름 1큰술/ 다진 마
늘 1큰술/ 설탕 1큰술/ 후추 약간/
포도씨유 1큰술

Nutrition Tip

1. 지방이 적고 담백한 닭가슴살
   에는 비타민C와 식이섬유질이
   없기 때문에 양파, 피망, 당근
   을 함께 섭취하면 비타민C와
   식이섬유질이 보완된다.
2. 닭잡채는 칼로리가 낮은 편이
   라서 부담 없이 섭취할 수 있
   다.

1 닭가슴살을 채썰어 허브솔트로 밑
간을 해줍니다. 냉동실에 있던 닭가
슴살을 흐르는 물로 깨끗하게 한 번 씻
어준 후 살짝 녹아 살얼음이 어느 정도
있는 상태로 썰어주면 편하답니다.

2 그리고 양파, 당근, 피망을 채썰어
줍니다.

3 간장, 맛술, 참기름, 다진 마늘, 설
탕, 후추 약간을 고루 잘 섞어 양념
장을 만들어줍니다.

4 달군 팬에 포도씨유를 두르고 밑간
한 닭가슴살을 볶아 익혀줍니다. 익
지 않은 닭가슴살을 한 번에 넣고 볶다
보면 서로 붙으며 익어버리니 덩어리지
지 않도록 조금씩 넣어주며 볶으세요.

5 닭가슴살이 거의 익어갈 즘에 준비
해둔 채썬 채소를 넣고 살짝 볶아줍
니다.

6 그리고 준비한 양념장을 넣어주세
요. 양념장과 닭가슴살, 채소들이
고루 잘 섞이도록 볶아준 후 양념장이
바글바글 끓어오르면 불을 꺼주세요.

카레 어묵 동그랑땡

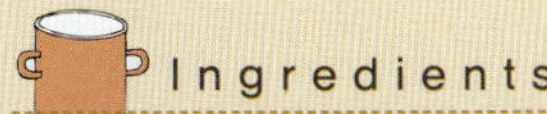

Ingredients

흰살생선(명태포) 350g
양파 1/2개/ 피망 1/2개/ 당근 1/4
개/ 홍고추 2개
달걀 1개/ 카레가루 3큰술/ 포도씨
유 약간

1. 카레에 들어 있는 강황은 면역
   기능을 강화시키고 항암작용이
   있다.
2. 강황은 콜레스테롤 수치를 낮
   추는 기능도 가지고 있다.
3. 어묵은 칼슘의 좋은 급원이다.

1 물기를 제거한 흰살생선을 숭덩숭
   덩 잘라 커터기에 넣고 갈아줍니다.

2 큰 그릇에 간 생선살을 담고 양파,
   피망, 당근, 홍고추를 다져 넣어주
   세요. 피망과 홍고추는 씨를 제거하고
   다져줍니다.

3 그다음 달걀, 카레가루를 넣고 고루
   잘 섞어주세요.

4 달군 팬에 포도씨유를 넉넉히 두르
   고 어묵 반죽을 1숟가락씩 떠 올린
   후 모양을 잡아 중~약불에서 앞뒤 노릇
   하게 구워줍니다. 카레가루가 잘 타니
   불조절을 잘 해주세요.

Tip 새우버거

1. 껍질 벗겨 손질한 새우 280g을 다지기에 넣고 갈아주세요. 당근 1/8개, 양파 1/4개, 피망 1/4개를 곱
   게 다져 넣고 달걀 1개, 소금 1/2작은술, 후추 약간을 넣고 고루 잘 섞어줍니다.
2. 달군 팬에 기름을 두르고 새우 반죽을 1숟가락씩 떠 올려 모양을 둥글게 잡아줍니다. 그리고 앞뒤 노
   릇하게 구워주세요. 상추 3장, 치커리 3잎 정도를 깨끗하게 씻어 물기를 최대한 털어줍니다. 그리고
   모닝빵 6개를 끝부분이 살짝 붙어 있게 반으로 잘라 기름 없이 팬에 까실할 정도로 구워줍니다.
3. 빵–머스타드소스–상추 1/2장, 치커리 조금–새우 패티 2장–머스타드소스–상추 1/2장, 치커리 조금–빵
   순으로 올려 버거를 만들어줍니다.

두부잡채

Ingredients

부침용 두부 1모(400g)
맛느타리버섯 1팩(150g)
마늘 5톨/ 당근 1/4개/ 양파 1/2개/
피망 1/2개
소금 1작은술/ 포도씨유 약간/ 굴
소스 2큰술/ 후추 약간

1. 두부는 가격이 저렴하고 영양이 풍부하기 때문에 다양하게 이용된다.
2. 여러 가지 채소와 함께 섭취하면 두부의 풍부한 단백질과 채소의 식이섬유와 비타민이 어우러져 다양한 영양소를 섭취할 수 있는 반찬이 된다.

1 맛느타리버섯을 흐르는 물에 씻어 물기를 털고 가닥가닥 떼냅니다. 그리고 마늘, 당근, 양파, 피망을 채썰어주세요.

2 단단한 부침용 두부를 0.6~0.7mm 두께로 자른 후 소금을 잘라둔 두부 앞뒤로 고루 뿌려 밑간을 해둡니다.

3 밑간한 두부에 생긴 수분을 키친타월로 제거한 후 달군 팬에 포도씨유를 두르고 앞뒤 노릇하게 구워줍니다.

4 구운 두부는 한 김 식은 후 굵직하게 채썰어 접시에 담아주세요.

5 달군 팬에 포도씨유를 아주 살짝 두르고 마늘을 먼저 볶아 향을 내줍니다.

6 당근, 피망, 양파를 넣고 볶은 후 맛느타리버섯을 넣고 볶아줍니다. 버섯이 한숨 죽으면 굴소스와 후추 약간을 넣어 한 번 더 볶아준 후 접시에 담아둔 채썬 두부 위에 올려줍니다.

닭불고기

Ingredients

뼈 제거한 닭 1마리(800g)
간장 8큰술/ 굴소스 1큰술/ 맛술 4
큰술/ 참기름 1큰술/ 설탕 1큰술/
물엿 1큰술/ 매실 원액 2큰술/ 다
진 마늘 2큰술/ 다진 양파 1/2개/
후추 1작은술/ 대파 1대

1. 닭고기는 쇠고기와 돼지고기보
   다 지방이 적고 부드러워 소화
   되기 쉬우며, 다가불포화지방
   산이 높다.
2. 쌀은 제한아미노산인 메티오
   닌과 라이신의 함량이 높은데,
   쌀에 부족한 아미노산을 닭고
   기가 보충해준다.

1 뼈를 제거하고 살만 바른 닭을 씻어 체에 건져 물기를 최대한 빼줍니다. 그리고 한 입 크기로 잘라주세요.

2 간장, 굴소스, 맛술, 참기름, 설탕, 물엿, 매실 원액, 다진 마늘, 다진 양파, 후추로 양념을 만들어주세요.

3 그릇에 고기를 담고 양념을 넣은 후 40분~1시간 정도 재워줍니다.

4 대파를 준비해 곱게 채썰고 찬물에 잠시 담가 매운맛을 없애줍니다.

5 그리고 흐르는 물에 씻어 체에 건져 물기를 최대한 빼주세요.

6 달군 팬에 양념에 재운 닭고기를 익혀줍니다. 너무 뒤적이지 말고 한쪽이 익어갈 즘 뒤집어 익혀주세요. 국물이 자작하게 남을 정도로 익힌 후 접시에 파채를 깔고 그 위에 얹어 드세요.

어묵 겨자냉채

사각어묵 2장
콩나물 1/2봉지
홍피망, 청피망 1/4개씩
소금 1+1/4작은술/ 연겨자 1/2큰술
/ 다진 마늘 1/2큰술/ 식초 2큰술/
설탕 1큰술

1. 피망에는 비타민C, 베타캐로
   틴, 티아민이 풍부하게 들어 있
   다.
2. 피망은 알칼리성 식품으로 신
   진대사를 촉진하고 신체 저항
   능력을 높여주며, 혈관의 건강
   에도 도움을 준다.

1 사각어묵을 곱게 채썰어 체에 담고 팔팔 끓인 물을 부어 기름을 빼줍니다.

2 그리고 마른 팬에 까실하게 볶아주세요.

3 물 5컵에 소금 1작은술을 넣고, 머리와 꼬리를 떼어 다듬은 콩나물을 넣고 삶아줍니다.

4 그리고 찬물에 헹군 후 체에 건져 물기를 빼줍니다.

5 콩나물과 어묵을 그릇에 담고 홍피망과 청피망도 채썰어 담아주세요.

6 연겨자, 다진 마늘, 식초, 설탕, 소금 1/4작은술을 섞어 만든 소스를 넣고 무쳐 그릇에 담아냅니다.

3장
내 아이의 입맛을 사로잡는
한 그릇 별미

톡톡 터지는 생생 날치알 샐러드롤
속 시원한 초간단 즉석국수 동치미 국수
새콤상콤 미각을 즐겁게 하는 과일 비빔면
틈날 때 휘리릭 만들어주는 간편요리 굴소스 두부덮밥
쓱쓱 비벼진 탱탱한 면발이 일품인 비빔우동
아이 입에 쏙 들어가는 인기메뉴 불고기 주먹밥
허기진 배를 든든하게 만들어줄 손쉬운 달걀탕 국수
모자라지도 넘치지도 않는 알뜰한 나물 주먹밥 구이
작지만 알찬 영양가득 채소 주먹밥
전문점 못지않은 맛과 영양 쌀국수 짬뽕
아이 입맛에 딱 맞춘 달달하고 짭조름한 베이컨 마늘 볶음밥
수저 한가득 떠먹게 되는 두부볶음밥 오므라이스
매콤달콤한 아이들의 완소메뉴 김치 비빔쫄면
달작지근 유부 속에 새우 송송 굴소스 새우 유부 볶음밥
잃어버리기 쉬운 입맛 지켜주는 향긋한 깻잎 누드롤
향으로 돋우는 아이 입맛 부추 달걀말이 김밥
속이 알찬 엄마의 정성 비빔만두
활기찬 아이를 위한 최고의 명품요리 전복내장 볶음밥
고소함으로 영양까지 사로잡는 뚝배기 나물 알밥
엄마의 사랑을 돌돌 말아놓은 햄말이 채소 주먹밥
아삭한 콩나물과 부드러운 면발이 어울리는 콩나물 비빔국수
아이와 나물이 친해지는 시간 나물 김치김밥
상큼한 맛으로 아이를 유혹하는 파인애플 볶음밥
입맛과 기력을 살려주는 일석이조 대게찜

날치알 샐러드롤

Ingredients

맛살 8개(160g)/ 날치알 50g/ 밥
3공기/ 김밥용 김 4장
당근 1/2개/ 적채 1/4통 2장/ 양상
추 2장
마요네즈 3큰술/ 소금 1/4작은술/
후추 약간/ 식초 3큰술/ 설탕
1+1/2큰술/ 소금 1/2작은술

1. 날치알은 단백질이 풍부하고
   필수아미노산이 풍부하여 어린
   이의 성장발달에 도움을 준다.
2. 날치알은 나트륨의 함량이 높
   기 때문에 적정량만 섭취하도
   록 해야 한다.

1 당근을 채썰어줍니다. 적채는 두꺼
운 부분을 칼로 한 번 저며준 후 채
썰어주고, 양상추는 깨끗하게 씻어 물기
를 털고 채썰어줍니다.

2 맛살을 손으로 찢어 그릇에 담아줍
니다.

3 그리고 날치알, 마요네즈, 소금, 후
추 약간을 넣고 고루 잘 섞어주세
요.

4 고슬하게 지은 밥을 큰 그릇에 담고
식초, 설탕, 소금을 섞어 만든 단촛
물을 붓고 주걱의 날을 세워 밥에 고루
스미도록 섞어줍니다. 그러면서 재빨리
식혀줘야 밥이 맛있습니다.

5 김발에 구운 김밥용 김을 올리고 준
비한 밥의 1/4을 김 3/4 위에 고루
잘 펴줍니다.

6 그리고 사진처럼 김발에 밥이 가도
록 뒤집어줍니다. 그 위에 채썰어
준비해둔 양상추, 당근, 적채를 올리고
날치알 샐러드를 올린 후 단단하게 말아
주세요.

동치미 국수

동치미 재료: 동치미 무 2단(10개)/ 굵은 소금 1+1/2컵/ 마늘 15톨/ 엄지손가락 크기 생강 20g/ 쪽파 15뿌리/ 배 1/2개/ 삭힌 고추 10개

잘 익은 동치미 국물 8컵/ 동치미 무 1/4개

설탕 1큰술/ 식초 2큰술/ 소금 2꼬집 오이 1/2개/ 삶은 달걀 2개/ 국수 2인분

1. 동치미 국수는 겨울철에 동치미만 있다면 매우 간편하게 만들어 먹을 수 있다.
2. 열량이 높지 않고, 무에는 섬유질이 많이 들어 있어서 체중 조절이 필요할 때 가볍게 이용할 수 있다.
3. 그러나 동치미에는 나트륨의 함량이 높은 편이므로 많은 양을 섭취하는 것을 피해야 한다.

1 동치미 무를 껍질째 깨끗하게 씻어줍니다. 그릇에 굵은 소금 1컵을 담고 씻은 동치미 무를 굴리면서 소금을 묻혀줍니다.

2 그리고 김치통에 차곡차곡 담아 1~2일을 절여줍니다. 무가 소금에 절여져 부피가 많이 줄어들어요. 김치통 바닥에는 물이 흥건하게 나와 있답니다. 여기에다 양념해서 바로 담습니다.

3 마늘과 생강을 얇게 썰고 쪽파는 다듬어 준비합니다. 배를 깨끗하게 씻어 4등분하고 씨를 제거해줍니다. 그리고 삭힌 고추도 준비합니다.

4 마늘과 생강은 망 주머니에 담습니다. 무가 절여진 김치통에 양념을 담아줍니다. 생수 5.5리터에 굵은 소금 1/2컵을 녹여 부어주고, 무가 뜨지 않도록 무거운 돌로 눌러주세요.

5 잘 익은 동치미 국물 8컵에 설탕, 식초, 소금을 넣고 잘 섞어 냉장고에 시원하게 둡니다.

6 껍질째 깨끗하게 씻은 오이, 동치미 무 1/4개를 채썰어주고, 삶은 달걀을 반으로 잘라줍니다. 국수를 삶아 그릇에 담고 준비한 동치미 국물과 고명을 얹어 드세요.

과일 비빔면

Ingredients

소면 2인분(200g)
키위 1개/ 상추 10장/ 사과 큰 것 1/2개/
배 1/2개/ 생밤 5개
물 2컵에 설탕 2큰술을 녹여 만든 설탕물
고추장 3큰술/ 고춧가루 2큰술/ 식초 3큰
술/ 설탕 1큰술/ 매실 원액 2큰술/ 꿀 1큰
술/ 다진 마늘 1큰술/ 참기름 1/2큰술/ 통
깨 1큰술/ 소다 약간

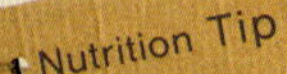
Nutrition Tip

1. 키위는 장의 연동운동을 도와
   배변을 촉진하는 역할을 한다.
2. 키위에는 단백질 분해효소인
   액티니딘, 과일과 매실의 유기
   산은 연육작용이 있어 고기를
   먹은 후에 과일 비빔면을 먹으
   면 소화가 잘되고 과일의 상큼
   함으로 인해 텁텁한 입이 깔끔
   해진다.

1 그릇에 고추장, 고춧가루, 식초, 설
탕, 매실 원액, 꿀, 다진 마늘, 참기
름, 통깨를 넣고 고루 잘 섞어줍니다. 여
기에 키위를 껍질 벗겨 강판에 갈아 넣
어주세요.

2 그다음 상추를 깨끗하게 씻어 굵직
하게 채썰어줍니다.

3 사과에 소다를 뿌려 껍질째 깨끗하
게 씻어 씨 부분을 잘라내고 채썰어
줍니다. 배는 껍질 벗겨 씨를 제거한 후
채썰어주고, 껍질 벗긴 생밤은 곱게 채
썰어주세요.

4 물 2컵에 설탕 2큰술을 녹여 만든
설탕물에 담가 색이 변하지 않게 둡
니다.

5 냄비에 물 7컵을 붓고 끓으면 소면
을 넣고 저어주면서 삶습니다. 거품
이 넘치듯 끓어오르면 찬물을 붓고 거품
을 가라앉혀 끓여줍니다. 이 과정을 3번
해주세요.

6 삶은 면을 체에 담고 찬물에 씻어
물기를 뺀 후 그릇에 담아 양념장을
넣고 고루 잘 비벼주세요. 접시에 상추
와 채썬 과일을 담고 국수를 올려줍니
다.

굴소스 두부덮밥

Ingredients

부드러운 두부 200g
양파 1/2개/ 감자 1/2개/ 당근 1/4
개/ 마늘 3쪽/ 팽이버섯 1/2봉지/
부추 1/2줌
포도씨유 2큰술/ 굴소스 2큰술/ 후
추 약간/ 전분가루 1큰술/ 참기름
1작은술

1. 두부는 열량이 낮으면서 우수
   한 식물성 단백질을 공급해주
   며, 육류 단백질에 비해 지방
   섭취를 낮출 수 있어 좋다.
2. 당근을 기름과 함께 볶아주면
   베타캐로틴의 흡수율을 높일
   수 있다.
3. 버섯은 항암, 면역력 향상에
   좋다.

1 감자는 채썰어 물에 담가 전분을 빼고 씻어 물기를 뺍니다. 당근, 양파, 마늘은 채썰어주고, 팽이버섯은 밑동을 자르고 씻어 물기를 뺍니다. 부추는 다듬어 씻어 팽이버섯 길이로 잘라주세요.

2 두부를 깍둑 모양으로 썰어 체에 담고 끓는 물에 한 번 데쳐 물기를 충분히 빼줍니다.

3 달군 팬에 포도씨유를 두르고 마늘을 먼저 볶아 향을 내줍니다.

4 그리고 양파, 감자, 당근을 볶아주세요.

5 팽이버섯, 부추를 넣어 한 번 더 섞어줍니다.

6 여기에 굴소스와 후추 약간을 넣어 섞어주세요.

7 물 1컵에 전분가루 1큰술을 넣고 만든 녹말물을 부어 덩어리지지 않게 저어주면서 한 번 끓으면 참기름을 넣고 마무리해줍니다.

비빔우동

Ingredients

생 우동면 1인분(190g)
깻잎 5장/ 상추 5장/ 당근 작은 것 1/4개/ 양배추, 적채 1/4통 1장씩/ 삶은 달걀 1개
고추장 2큰술/ 고춧가루 1큰술/ 설탕 2큰술/ 식초 2큰술/ 매실 원액 1큰술/ 다진 마늘 1큰술/ 참기름 1큰술/ 통깨 1/2큰술

1. 식이섬유질이 많은 다양한 채소를 섭취함으로써 배변활동을 돕고, 각종 무기질과 당근과 적채로부터 캐로틴, 안토시아닌 등 항산화제 섭취를 높일 수 있다.

1 깨끗하게 씻어 물기를 제거한 깻잎, 상추를 채썰어주고, 당근, 양배추, 적채도 곱게 채썰어줍니다. 삶은 달걀은 3등분으로 잘라 준비해주세요.

2 고추장, 고춧가루, 설탕, 식초, 매실 원액, 다진 마늘, 참기름, 통깨를 넣고 고루 섞어 양념장을 만듭니다.

3 냄비에 물 5컵이 끓으면 생 우동면을 넣고 데쳐준다는 생각으로 뭉쳐진 면발이 풀어질 정도로 한 번 삶아줍니다.

4 그리고 체에 받쳐 찬물에 충분히 헹군 후 물기를 빼줍니다.

5 그릇에 물기 뺀 우동면과 준비한 양념장을 넣고 비벼 접시에 담고 채소를 곁들여줍니다.

불고기 주먹밥

Ingredients

돼지고기 앞다리살 100g
밥 2공기
표고버섯 2개(50g)/ 양파 1/4개/
대파 잎(초록 부분) 1/2대/ 당근
1/6개
다진 마늘 1큰술/ 간장 2큰술/ 청
주 2큰술/ 참기름 1/2큰술/ 설탕
1/2큰술/ 후추 1/2작은술/ 소금 1
꼬집+1/2작은술/ 통깨 1큰술

1. 돼지고기에는 비타민B_1이 풍부
   하여 에너지 대사를 도와주며,
   피부를 윤택하게 한다.
2. 돼지고기는 중금속 해독작용
   이 있다.
3. 쇠고기 대신 돼지고기를 사용
   하면 돼지고기의 융점이 낮기
   때문에 시간이 지나 주먹밥이
   식어도 부드러워서 먹기에 좋
   다.

1 간 돼지고기 앞다리살과 기둥 자르고 물에 한 번 씻어 물기를 최대한 짠 표고버섯을 다져 그릇에 담습니다.

2 다진 마늘, 간장, 청주, 참기름, 설탕, 후추를 넣고 양념에 재워줍니다.

3 그다음 양파, 대파 잎, 당근을 다져 주세요.

4 달군 팬에 기름을 아주 살짝 두르고 다진 양파, 대파, 당근을 수분 없이 볶아 소금 1꼬집으로 간을 해줍니다.

5 양념해둔 고기도 볶아줍니다. 수분이 촉촉하게 남을 정도로만 볶아주세요.

6 큰 그릇에 밥, 볶아 준비해둔 채소, 고기, 통깨, 소금 1/2작은술을 넣고 주걱의 날을 세워 고루 잘 섞어줍니다.

7 재료들이 한곳으로 뭉치지 않게 고루 잘 섞어준 후 한 입 크기로 밥을 뭉쳐줍니다.

허기진 배를 든든하게 만들어줄 손쉬운

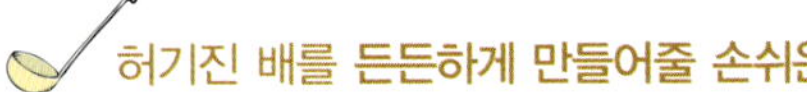

달걀탕 국수

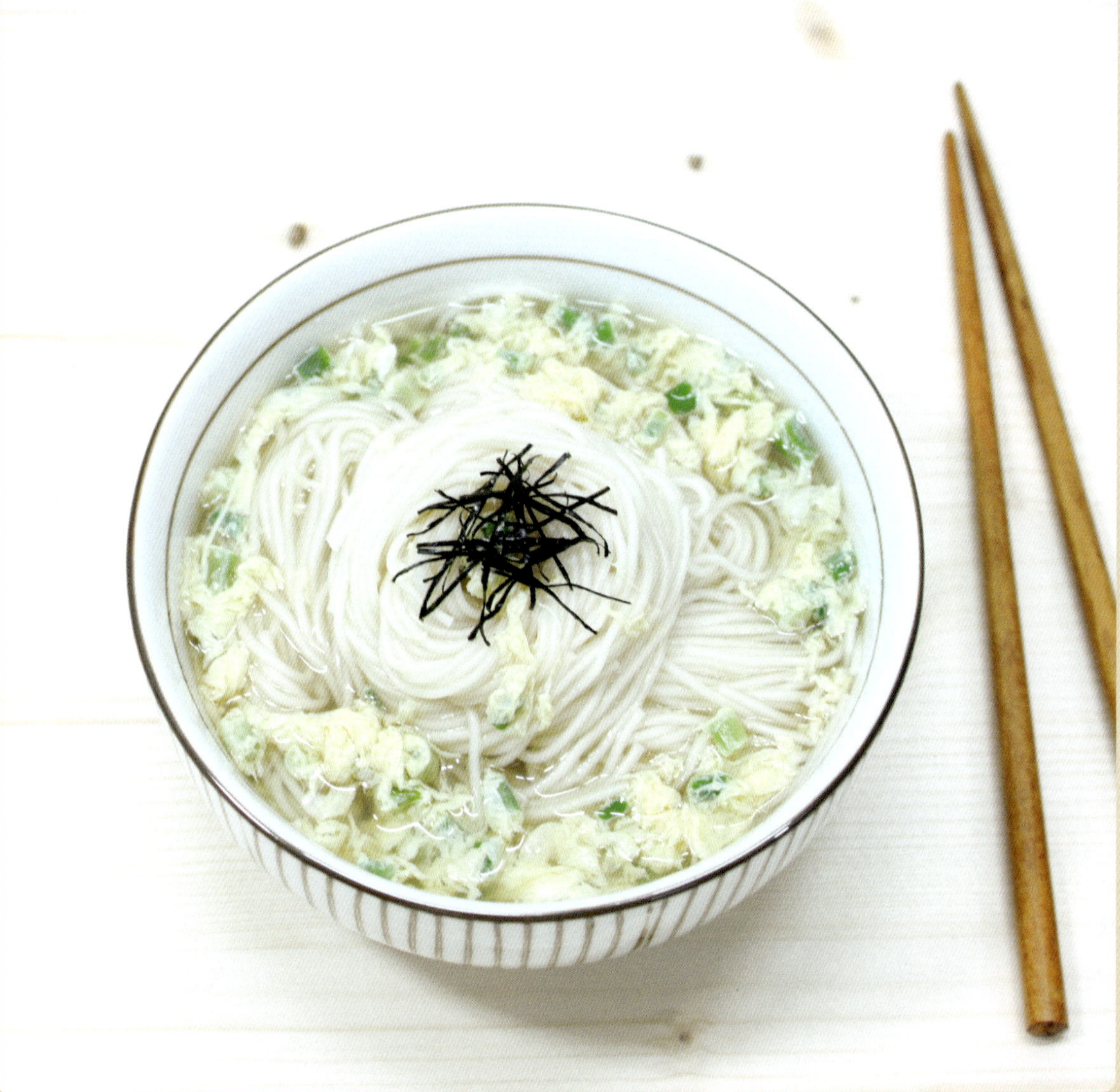

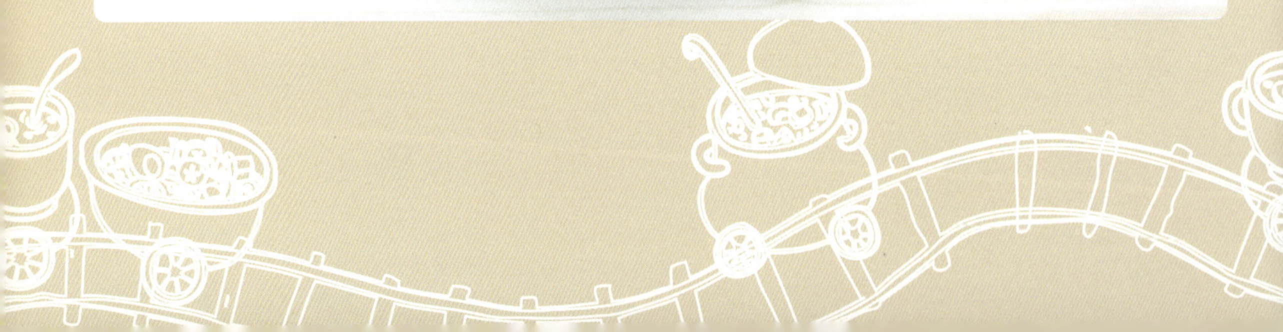

Ingredients

소면 1인분(100g)
멸치, 다시마 우린 물 3컵
달걀 1개/ 쪽파 2뿌리
소금 1꼬집/ 국간장 2큰술/ 후추
약간

1. 달걀탕 국수는 조리법이 간단
   하여 시간이 없을 때 간편하게
   이용할 수 있는 일품요리이다.
2. 탄수화물과 단백질을 동시에
   섭취 가능하고, 볶음김치를 함
   께 내면 가벼운 한 끼 식사로
   손색이 없다.
3. 이때 멸치를 분쇄하여 넣어주
   면 국물은 덜 깔끔할 수 있지
   만, 멸치의 칼슘을 섭취하기
   위해서는 뼈째로 넣어주는 것
   이 좋다.

1 그릇에 달걀을 담고 소금을 넣어 알
끈 없이 잘 풀어줍니다.

2 그리고 다듬어 씻은 쪽파를 썰어 넣
고 고루 잘 섞어줍니다.

3 멸치, 다시마 우린 물에 국간장으로
간을 하고 끓여줍니다.

4 국물이 끓으면 준비해둔 쪽파 달
걀물을 1큰술씩 떠 넣고 한 번 크
게 저어주세요. 그다음 달걀물을 붓고
후추 약간을 넣어 마무리해주세요.

5 냄비에 물 4컵을 붓고 끓으면 소면
을 넣고 저어주면서 삶습니다. 거품
이 넘치듯 끓어오르면 찬물을 붓고 거품
을 가라앉혀 끓여줍니다. 이 과정을 3번
반복해주세요.

6 삶은 면을 체에 담고 찬물에 충분히
씻어 물기를 빼줍니다. 그다음 그릇
에 면을 담고 준비해둔 달걀탕을 담아주
세요.

나물 주먹밥 구이

Ingredients

고사리, 도라지, 시금치, 콩나물 30g씩
밥 2공기
고추장 1/2큰술/ 통깨 1/2큰술/ 달걀 1개/ 포도씨유 약간

1. 도라지는 사포닌이 포함되어 있어서 호흡기계에 좋고 거담 효과가 있어 겨울철에 섭취하면 감기 예방에 도움이 된다.
2. 고사리는 열을 내리고 소변 배출을 용이하게 한다.
3. 시금치는 철분과 엽산이 풍부해 빈혈 예방에 좋다.
4. 시금치에 있는 수산(옥살산)은 칼슘과 결합하여 칼슘의 흡수를 방해하므로 칼슘이 많이 든 음식을 섭취할 때는 함께 섭취하지 않는 것이 좋다.

1 고사리, 도라지, 시금치, 콩나물의 국물을 어느 정도 제거해 준비해주세요.

2 그리고 각 나물을 아주 곱게 잘 다져주세요.

3 밥, 고추장, 통깨를 넣고 고루 잘 섞어줍니다.

4 여기에 다진 나물을 넣고 고루 잘 섞어주세요.

5 그리고 밥을 1숟가락씩 떠서 둥글고 도톰하게 꾹꾹 뭉쳐주세요.

6 그다음 그릇에 달걀을 알끈 없이 풀어준 후 주먹밥에 달걀물을 살짝 묻혀줍니다.

7 달군 팬에 포도씨유를 두르고 앞뒤 노릇하게 구워줍니다. 뒤집다가 주먹밥이 부서질 수도 있으니 조심해서 뒤집어주세요.

채소 주먹밥

Ingredients

달걀 1개/ 양파 1/4개/ 피망 1/2개/
당근 1/6개/ 조미 도시락김 1봉지
5g(9절 11매)/ 밥 2공기/ 흑임자 1/2
큰술
소금 1꼬집+1작은술/ 포도씨유 약간/
참기름 1/2큰술

Nutrition Tip

1. 달걀은 필수아미노산이 풍부한
   완전 단백질 식품이다.
2. 달걀은 식이섬유질과 비타민B
   군의 함량이 낮기 때문에 밥과
   채소와 함께 섭취해주면 부족
   한 영양소가 보충된다.

1 달걀을 소금 1꼬집으로 간을 해 알
끈 없이 고루 잘 풀어줍니다.

2 달군 팬에 포도씨유를 살짝 두르고
알끈 없이 잘 풀어준 달걀을 붓고
나무숟가락으로 저어주면서 볶듯이 익
혀줍니다.

3 달걀이 한 김 식으면 잘게 다져줍니
다. 양파, 피망, 당근도 곱게 다져줍
니다.

4 달군 팬에 다진 양파, 피망, 당근을
기름 없이 볶아 수분을 약간 날려주
세요.

5 조미 도시락김을 비닐팩에 넣고 곱
게 김가루로 만들어줍니다.

6 그릇에 밥, 준비해둔 달걀, 당근, 양
파, 피망, 김, 흑임자, 참기름, 소금
1작은술을 넣고 주걱의 날을 세워 고루
잘 섞어주세요.

7 김가루가 덩어리지지 않게 살살 흩
뿌려준 후 고루 잘 섞어줘야 합니
다. 참기름을 많이 넣으면 밥이 서로 잘
뭉쳐지지 않아요. 섞은 후에 한 입 크기
로 동글하게 뭉쳐주세요.

쌀국수 짬뽕

Ingredients

쌀국수 300g
새우 30마리/ 오징어 1마리
멸치, 다시마 우린 물 6컵
양배추 1/4통 2잎/ 대파 2대/ 당근 1/4
개/ 양파 1/2개/ 마늘 5쪽/ 식용유 1큰
술/ 고춧가루 3큰술/ 국간장 4큰술/ 소
금 1작은술+1/2큰술

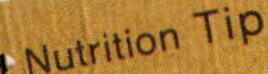

1. 밀가루를 잘 소화시키지 못하
   거나 알레르기가 있는 경우, 면
   대신 쌀국수를 이용하면 좋다.
2. 양파의 유화알릴 성분은 소화
   액 분비를 도와준다.
3. 새우, 오징어의 타우린, 카테킨
   은 콜레스테롤 저하 및 간기능
   강화에 도움이 된다.

1 새우를 반으로 포 뜬 후 씻고 물기
를 뺍니다. 양배추, 대파, 당근, 양
파를 굵직히 채썰고 마늘은 곱게 채썹니
다. 오징어는 껍질 벗겨 안으로 칼집을
넣어주고, 길이로 반 잘라 채썹니다.

2 달군 냄비에 식용유를 두르고 마늘
과 대파를 먼저 볶아 향을 낸 후 양
파, 당근, 양배추를 넣고 볶아주세요.

3 고춧가루를 넣어 겉돌지 않게 고루
잘 섞듯 볶아줍니다. 여기에 준비해
둔 오징어와 새우를 넣고 볶아줍니다.

4 그리고 국간장을 넣어 간을 하고 한
번 더 볶아주세요.

5 멸치, 다시마 우린 물을 부어 끓이
고 소금 1작은술로 마무리 간을 해
줍니다.

6 쌀국수를 끓는 물 7컵에 소금 1/2큰
술을 넣고 3~4분 젓가락으로 저어
주면서 삶아줍니다.

7 그리고 체에 받쳐 흐르는 찬물에 헹
군 후 물기를 빼줍니다. 팔팔 끓는
짬뽕 국물에 삶은 면을 담가 건진 후 그
릇에 담고 짬뽕 국물을 부어줍니다.

베이컨 마늘 볶음밥

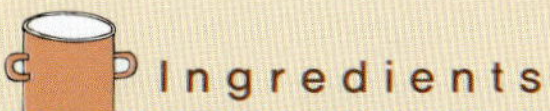

Ingredients

베이컨 70g
밥 2공기
마늘 10쪽/ 피망 1/2개/ 당근 1/4
개/ 양파 1/4개
포도씨유 1큰술/ 소금 1작은술/ 후
추 약간

1. 베이컨은 훈연한 향과 고소한
   맛이 좋지만 염분이 높기 때문
   에 다량을 섭취하거나 염분이
   많은 식품과 함께 섭취하는 것
   은 좋지 않다.
2. 베이컨은 칼륨이 풍부한 채소
   와 함께 먹는 것이 좋다.
3. 마늘은 항균작용이 강하고 항
   암효과를 나타내며, 활성형 티
   아민인 알리티아민을 함유하
   고 있어 티아민 섭취에 좋다.
4. 마늘의 매운맛은 익으면서 단
   맛으로 변한다. 베이컨과 함께
   볶으면 달콤하고 고소한 맛이
   나서 아이들이 먹기 좋게 된다.

1 마늘을 편으로 얇게 썰어줍니다. 피
망, 당근, 양파를 다져주고 베이컨
을 굵직하게 썰어줍니다.

2 달군 팬에 준비한 베이컨을 볶아 익
혀줍니다.

3 그리고 키친타월을 깐 접시에 올려
기름을 빼주세요.

4 달군 팬에 포도씨유를 두르고 준비
한 마늘을 볶아줍니다.

5 마늘이 투명하게 볶아지면 양파, 피
망, 당근을 넣어 볶아줍니다. 채소
가 익으면 볶아 기름을 빼두었던 베이컨
을 넣고 한 번 더 볶아줍니다.

6 여기에 밥을 넣어 볶아주세요. 소금
과 후추로 간을 하고 한 번 더 고루
잘 섞어 볶아줍니다.

두부볶음밥 오므라이스

Ingredients

두부 1/2모(200g)
밥 1공기
표고버섯 2개/ 양파 1/4개/ 피망
1/2개 / 당근 1/4개/ 달걀 2개
기름 1큰술/ 소금 4꼬집/ 굴소스 2
큰술/ 후추 약간

1. 두부와 달걀에는 단백질과 필수아미노산이 풍부하여 아동의 성장발달에 좋다.
2. 단백질 식품 이외에 당질, 무기질 및 비타민 등이 풍부한 채소를 함께 사용하기 때문에 5가지 기초식품군을 충족시켜주는 장점이 있다.
3. 볶음 시 기름은 올리브유나 채종유를 사용하면 체내 지방의 과다축적을 줄여주므로 좋다.

1 도마에 면보를 깔고 두부를 칼등으로 곱게 으깨줍니다. 그리고 면보로 감싸 물기를 꼭 짜줍니다.

2 기둥을 자른 표고버섯, 양파, 피망, 당근을 다져줍니다.

3 달군 팬에 기름을 두르고 두부를 노릇하게 볶아줍니다. 그리고 소금 1꼬집을 넣고 간을 합니다.

4 두부를 한쪽으로 밀어두고 다진 채소를 볶아 소금 1꼬집으로 간을 해주세요.

5 그리고 밥을 넣고 고루 섞이도록 볶아줍니다.

6 굴소스와 후추로 간을 해줍니다. 달걀, 소금 2꼬집, 물 1큰술을 넣고 알끈 없이 풀어 준비합니다. 기름을 두르고 키친타월로 살짝 닦은 팬에 달걀물을 부어 고루 펴주세요.

7 달걀물을 뒤집지 말고 약불에 그대로 두고 익힌 후 볶음밥을 올려줍니다. 그리고 달걀지단 반쪽으로 볶음밥을 덮어주세요.

김치 비빔쫄면

쫄면 2인분(400g)
묵은 김치 줄기 부분 200g
깻잎 15장/ 상추 15장
설탕 1+1/2큰술/ 참기름 1큰술/ 고
추장 3큰술/ 고춧가루 1큰술/ 물엿
1큰술/ 매실 원액 1큰술/ 식초 2큰
술/ 다진 마늘 1큰술/ 통깨 약간

1. 김치, 상추, 깻잎은 비타민이
   풍부하게 들어 있다.
2. 김치와 채소에는 식이섬유질
   의 함량이 높아서 장운동을 돕
   는 역할을 한다.

1 묵은 김치 줄기 부분을 5cm길이로
  채썰어 그릇에 담고 설탕 1/2큰술,
  참기름 1/2큰술을 넣고 조물조물 무쳐
  준비합니다.

2 깻잎과 상추를 굵직하게 채썰어두
  세요.

3 고추장, 고춧가루, 설탕 1큰술, 물
  엿, 매실 원액, 식초, 다진 마늘, 참
  기름1/2큰술을 넣고 고루 잘 섞어 양념
  장을 준비합니다.

4 쫄면은 손으로 비벼 가닥가닥 풀어
  주세요.

5 풀어준 면을 끓는 물에 넣고 저어주
  면서 2~3분간 삶아 체에 담고 흐르
  는 물에 충분히 헹궈줍니다.

6 물기를 최대한 짠 쫄면을 그릇에 담
  고 준비한 양념과 비빕니다. 그리고
  접시에 깻잎과 상추를 깔고 양념에 비빈
  쫄면과 김치를 올립니다. 마지막으로
  통깨도 뿌려주세요.

굴소스 새우 유부 볶음밥

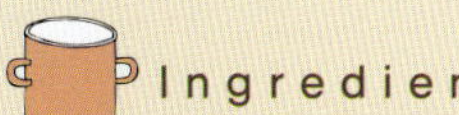

Ingredients

새우 15마리
조미유부 14장
밥 1공기
달걀 1개/ 피망 1/4개/ 당근 1/6개
양파 1/4개
소금 3꼬집/ 굴소스 1큰술/ 후추
약간/ 포도씨유 1큰술

1. 새우는 콜레스테롤 함량이 높은 편이나 타우린과 키토산이 풍부하여 콜레스테롤의 영향을 다소 상쇄해준다.
2. 새우는 칼슘, 철분 등이 풍부하여 어린이의 성장발달에 좋은 식품이다.

1 새우를 껍질 벗기고 내장을 빼고 4등분으로 잘라 손질해줍니다.

2 달걀에 소금 1꼬집을 넣고 풀어 기름 두른 팬에 부쳐 다져둡니다. 그리고 달군 팬에 포도씨유를 두르고 새우를 먼저 볶아주세요.

3 그리고 당근, 피망, 양파를 넣어 볶고, 소금 2꼬집과 후추 약간으로 간을 합니다. 여기에 다져둔 달걀을 넣고 섞듯이 볶아주세요.

4 밥을 기름과 소금간 없이 덩어리지지 않도록 살짝 볶아준 후 볶아둔 모든 재료와 섞어줍니다.

5 그리고 굴소스와 후추 약간을 넣고 살짝 볶아 간을 해줍니다.

6 조미유부를 체에 담아 물기를 빼주세요.

7 그리고 볶음밥을 1~2큰술씩 손으로 뭉쳐 유부 안에 넣어주세요.

깻잎 누드롤

Ingredients

밥 3공기
캔햄 200g/ 묵은 김치 줄기 부분 200g/ 양파 1/2개/ 깻잎 15장/ 김밥용 김 4장
포도씨유 1큰술/ 통깨 1큰술/ 소금 1/2작은술/ 참기름 1큰술

1. 깻잎은 비타민A의 활성을 지닌 베타캐로틴이 풍부하고, 비타민C의 함량이 높다.
2. 깻잎은 칼륨, 칼슘, 철분 등의 무기질 함량이 높고, 알칼리성의 식품이다.
3. 깻잎에는 페릴키톤이라는 정유 성분이 함유되어 있어서 음식이 상하는 것을 막아주는 역할을 하기도 한다.

1 캔햄을 끓는 물에 넣고 3~5분 정도 삶아 체에 건져줍니다.

2 그리고 굵직하게 채썰어 마른 팬에 까실하게 구워주세요.

3 묵은 김치 줄기 부분과 양파를 채썰어줍니다.

4 그리고 달군 팬에 포도씨유를 두르고 수분이 없어질 때까지 볶아주세요.

5 고슬하게 지은 밥을 그릇에 담고 통깨, 소금, 참기름을 넣고 고루 잘 섞어줍니다. 그리고 깻잎을 곱게 다져 넣고 한 번 더 고루 잘 섞어주세요.

6 구운 김밥용 김을 김발에 1장 올리고 준비한 밥 1/4을 고루 펴줍니다. 그리고 밥이 아래로 가도록 뒤집어주세요.

7 안으로 말려 들어갈 부분으로 준비한 햄과 김치 1/4씩을 올려 단단하게 말아 적당한 크기로 썰어주면 됩니다.

향으로 돋우는 아이 입맛

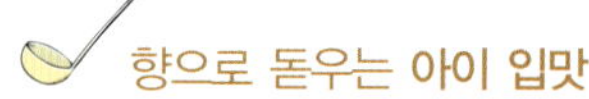

부추 달걀말이 김밥

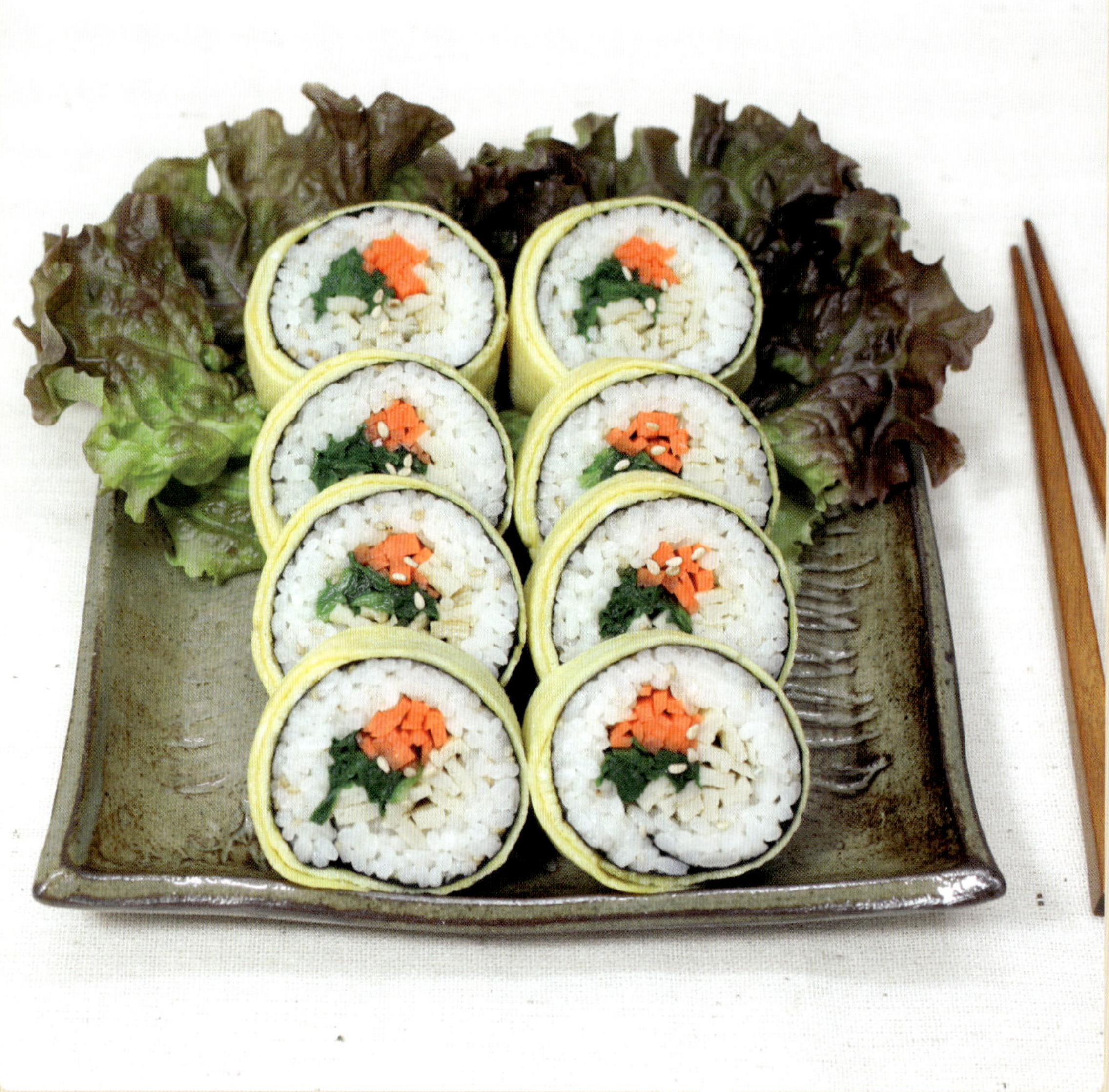

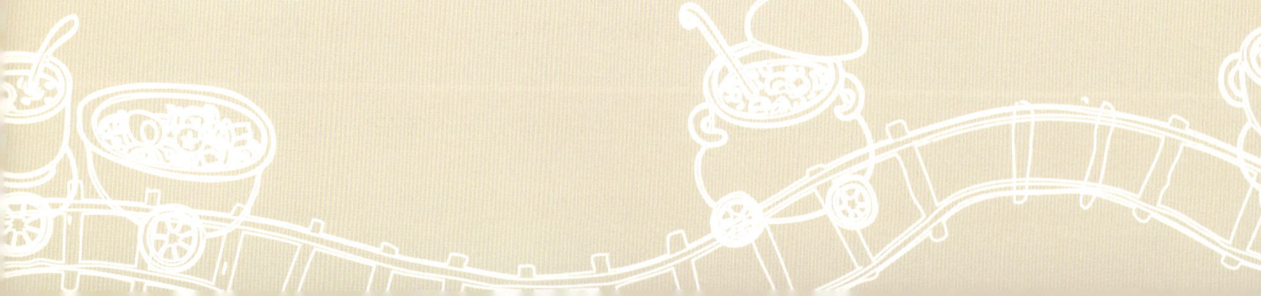

밥 3공기
사각어묵 4장(200g)/ 당근 1/2개/
부추 한 줌(200g)/ 달걀 6개
소금 1+1/4작은술+1/3큰술/ 국간
장 1큰술/ 참기름 1+1/2큰술/ 우유
2큰술/ 통깨 1큰술/ 김밥용 김 4장

1. 부추는 예로부터 기양초, 장양
   초라 불리며 기운을 나게 하는
   강장채소로 알려져 있다.
2. 부추의 방향 성분인 알릴설파
   이드는 위장을 자극하여 소화
   효소의 분비를 촉진하여 소화
   를 돕고, 살균작용, 항암작용을
   한다.

1 사각어묵을 짧은 길이 쪽으로 채썰
  어줍니다. 채썬 어묵을 체에 담고 팔
  팔 끓인 물을 부어 기름을 빼줍니다. 그리
  고 최대한 물기를 뺀 후 달군 팬에 기름
  없이 까슬하게 볶아주세요.

2 어묵 길이에 맞춰 당근을 채썰고 달
  군 팬에 기름과 물 없이 살짝 볶아
  소금 1/4작은술로 간을 해줍니다.

3 부추를 길이로 4등분합니다. 냄비
  에 물 5컵을 넣고 끓으면 소금 1/3
  큰술을 넣은 후 부추를 넣고 바로 건져
  내 찬물에 식혀줍니다. 물기를 짜고 국
  간장, 참기름 1/2큰술로 무쳐줍니다.

4 큰 그릇에 고슬하게 지은 밥, 통깨,
  참기름 1큰술, 소금 1/2작은술을 넣
  고 밥알이 으깨지지 않게 주걱의 날을
  세워 고루 잘 섞어주세요.

5 김발에 구운 김밥용 김을 올리고 양
  념해둔 밥 1/4을 김 3/4 위에 고루
  펴줍니다. 그리고 어묵, 당근, 부추를 올
  리고 단단하게 말아주세요.

6 달걀을 알끈 없이 잘 풀어주고, 우
  유, 소금 1/2작은술을 넣고 섞어줍
  니다. 기름 두른 팬 약한불에서 달걀물
  을 익히고 김밥을 지단 위에 올려 말아
  준 후 한 김 식으면 잘라줍니다.

비빔만두

냉동 상태 물만두 40개
양배추 1/2통 2장/ 적채 1/4통 2장/
당근 1/4개/ 깻잎 15장
고추장 2큰술/ 고춧가루 1/2큰술/
식초 2큰술/ 설탕 1큰술/ 매실 원
액 1큰술/ 맛술 2큰술/ 다진 마늘
1/2큰술/ 참기름 1/2큰술/ 통깨
1/2큰술/ 튀김기름 약간

1. 만두 안에는 고기와 익힌 채소
   들이 들어 있고, 어떤 재료가
   들어있는지에 따라 다양한 영
   양 성분이 들어 있다.
2. 만두와 생채소를 함께 먹으면
   아삭한 질감과 함께 식이섬유
   질과 비타민류를 골고루 섭취
   할 수 있어서 간식으로 좋다.

1 고추장, 고춧가루, 식초, 설탕, 매실 원액, 맛술, 다진 마늘, 참기름, 통깨를 고루 섞어 양념장을 만듭니다.

2 양배추, 적채, 당근, 깻잎을 채썰어 준비해주세요.

3 냉동 상태 물만두 40개도 준비해주세요.

4 만두를 기름에 튀겨 기름종이로 기름을 뺀 후 접시에 담아줍니다.

5 만두가 다 튀겨지면 준비한 채소와 양념장을 비벼 만두가 담긴 접시에 담아주면 됩니다.

전복내장 볶음밥

Ingredients

전복 2마리
쇠고기 100g
쌀 2컵
참기름 1큰술/ 국간장 1큰술/ 통깨
1큰술

1. 전복은 단백질이 풍부하고 다른 어패류에 비해 지방질이 적다.
2. 칼슘, 철분, 요오드 성분이 풍부하고, 티아민과 리보플라빈 등이 많아 영양상 균형이 좋다.
3. 아미노산인 아르기닌의 함량이 특히 높아서 성장에 도움을 준다.
4. 전복은 갈색조류를 먹이로 하기 때문에 내장은 해조류의 향과 영양이 풍부하다.

1 손질한 전복의 내장을 믹서를 이용해 덩어리 없도록 갈아줍니다.

2 쌀을 깨끗하게 씻어 40분 정도 불려 물기를 빼고 솥에 담아줍니다. 그리고 믹서에 간 전복 내장과 물 1+1/2컵을 섞은 내장물을 붓고 밥을 해줍니다.

3 그다음 전복살과 쇠고기를 다져줍니다.

4 달군 팬에 참기름을 두르고 쇠고기를 볶은 후 쇠고기를 팬 한쪽으로 밀어두고 전복을 볶아줍니다.

5 쇠고기와 전복을 섞은 후 국간장으로 간을 합니다.

6 전복내장밥을 넣고 고루 섞듯이 모든 재료를 볶아주세요.

7 마지막으로 통깨를 넣고 마무리해줍니다.

뚝배기 나물 알밥

Ingredients

밥 1공기
날치알 2큰술
시금치, 콩나물, 고사리, 도라지, 무
나물 20g씩/ 묵은 김치 30g
참기름 1/2큰술/ 통깨 1큰술/ 고추
장 1/2큰술/ 김가루 약간

1. 다양한 나물을 이용하므로 비
   타민과 무기질이 풍부하여 아
   동에게 부족한 미량영양소 섭
   취를 도와준다.
2. 무에는 소화효소인 디아스타
   제가 들어 있어서 채소의 소화
   를 도와주어 위의 부담을 덜어
   주고 소화가 빨리된다.
3. 날치알은 녹차나 복분자로 물
   들인 것을 사용하면 건강에도
   좋고 색상도 화려하여 식욕을
   돋우어준다.

1 시금치, 콩나물, 고사리, 도라지, 무
나물과 묵은 김치를 칼로 잘라줍니
다.

2 뚝배기에 참기름을 담고 솔로 발라
줍니다.

3 그리고 밥과 통깨를 섞어 담아주세
요.

4 준비해둔 나물과 김치를 밥 위에 올
려줍니다.

5 그리고 고추장과 날치알을 담고 불
에 뚝배기를 올려 지글거리는 소리
가 나도록 약~중불에서 5분 정도 누룽밥
을 만들어줍니다. 타지 않도록 주의하며,
김가루를 올려 비벼 먹으면 됩니다.

햄말이 채소 주먹밥

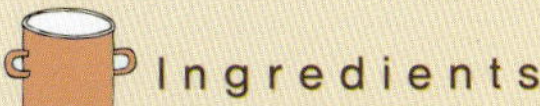

Ingredients

슬라이스 햄 20장
밥 1+1/2공기
달걀 1개/ 양파 1/4개/ 홍피망, 청
피망 1/2개씩/ 당근 1/4개
소금 1꼬집+1/2작은술/ 통깨 1/2큰
술/ 참기름 1/2큰술

Nutrition Tip

1. 햄은 아동이 좋아하는 식품이
   나 제조 중 아질산염이나 소르
   빈산과 같은 발색제와 방부제,
   산도조절제, 결착제, 인공색소
   등이 사용되기 때문에 과다하
   게 섭취하지 않도록 주의한다.
2. 햄을 고를 때는 제품의 성분표
   시를 확인하여 원재료의 육류
   함량이 높고 화학성분이 첨가
   되지 않은 제품을 선택하는 것
   이 좋다.
3. 양파, 당근, 피망 등은 햄에 부
   족한 비타민을 제공해주므로
   햄은 조금 사용하되 채소를 가
   급적 많이 사용하여 만든다.

1 달걀에 소금 1꼬집을 넣고 알끈 없이 잘 풀어준 후 지단을 부칩니다.

2 부친 지단이 한 김 식으면 곱게 다져주고, 양파, 홍피망, 청피망, 당근도 곱게 다져줍니다.

3 달군 팬에 다진 양파, 당근, 피망을 기름 없이 살짝 볶아 수분을 없애주세요.

4 그릇에 고슬하게 지은 밥, 다진 달걀, 수분 없이 볶은 채소, 통깨, 참기름, 소금 1/2작은술을 넣고 주걱의 날을 세워 고루 잘 섞어줍니다.

5 고루 섞은 밥을 1숟가락씩 떠서 길게 뭉쳐줍니다.

6 슬라이스 햄으로 주먹밥을 잘 감싸주고 이쑤씨개나 예쁜 꽂이를 꽂아 고정합니다. 밥부터 뭉쳐 만든 후에 햄을 감싸는 것이 편하답니다.

콩나물 비빔국수

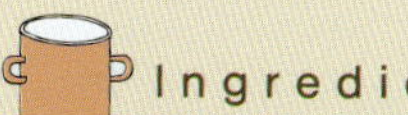

Ingredients

국수 1인분
콩나물 2줌(100g)/ 상추 3장/ 양배추 1/4통 1장/ 적채 1장/ 당근 1/6개/ 달걀 1개
소금 1/2작은술/ 고추장 1큰술/ 고춧가루 1/2큰술/ 식초 1큰술/ 꿀 1큰술/ 매실 원액 1큰술/ 다진 마늘 1/2큰술/ 참기름 1큰술/ 통깨 1큰술

1. 콩나물은 섬유질이 많고 아스파라긴을 함유하여 피로회복에 좋다.
2. 콩나물은 칼륨 함량이 높아 혈압 조절에 좋다.
3. 콩나물과 함께 들어가는 상추, 양배추, 적채는 식이섬유질을 함유하고 있고 칼로리가 낮으며, 비타민A, C가 풍부하게 들어 있다.
4. 채소를 생으로 섭취할 수 있으므로 가열조리하는 것에 비해 영양소의 손실 없이 섭취할 수 있다.
5. 적채는 자색의 컬러푸드로 안토시아닌이 많이 들어 있어 항산화, 항균, 콜레스테롤 저하 및 기관지염, 천식 등의 호흡기질환에도 효과를 나타낸다.

1 콩나물을 다듬어 씻은 후 물 3컵과 소금을 넣고 삶아 건져 물기를 충분히 빼줍니다.

2 그다음 상추, 양배추, 적채, 당근을 곱게 채썰어주세요.

3 고추장, 고춧가루, 식초, 꿀, 매실 원액, 다진 마늘, 참기름, 통깨를 잘 섞어 양념장을 만들어줍니다. 달걀은 삶아 껍질 벗겨 반으로 잘라 준비합니다.

4 그다음 국수를 삶아줍니다. 한 번 끓어오르면 찬물을 조금 붓고 또 끓어오르면 찬물 붓기를 3번 반복하면서 삶아주세요.

5 삶은 국수를 체에 건져 흐르는 찬물에 여러 번 헹구고 물기를 충분히 빼줍니다.

6 그릇에 물기 뺀 국수를 담고 준비해 둔 양념장을 넣고 비벼 채소와 함께 곁들이세요.

나물 김치김밥

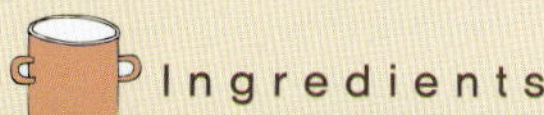

Ingredients

쇠고기 산적 1토막(70g)
밥 2공기
묵은 김치 겉잎 2장/ 콩나물, 시금
치, 고사리, 도라지나물 각 50g씩/
김밥용 김 3장/ 깻잎 6장
통깨 1큰술/ 참기름 1큰술/ 소금
1/2작은술

1. 과일이나 생으로 먹는 채소보
   다 데쳐서 먹는 나물이 장수의
   핵심이라고 한다.
2. 아이들은 고사리나 쓴맛이 나
   는 도라지를 싫어하는 경우가
   많은데, 아이들이 좋아하는 김
   밥에 넣어서 주면 친근감 있게
   나물을 섭취할 수 있다.

1 준비한 쇠고기 산적을 굵직하게 썰
어주세요.

2 묵은 김치 겉잎을 씻어 손으로 쭉쭉
찢어 물기를 꼭 짜줍니다. 그리고
콩나물, 시금치, 고사리, 도라지나물을
준비해주세요.

3 큰 그릇에 고슬하게 지은 밥과 통
깨, 참기름, 소금을 넣고 고루 잘 섞
어줍니다.

4 김발에 구운 김밥용 김 1장을 올리
고 준비한 밥의 1/3을 고루 펴줍니
다. 그리고 깻잎 2장을 올려주세요.

5 준비해둔 김치, 나물, 쇠고기 산적
1/3씩을 올리고 단단하게 말아 적당
한 크기로 썰어주면 됩니다.

파인애플 볶음밥

파인애플 1/2개
밥 3공기
새우살 170g/ 달걀 1개/ 적피망,
청피망 1/4개씩/ 양파 1/4개/ 표고
버섯 4개
허브솔트 1작은술/ 소금 1꼬집+2작
은술/ 다진 마늘 1큰술/ 포도씨유
1큰술/ 후추 약간

Nutrition Tip

1. 파인애플은 비타민C 함량이
   높은 편이며, 과육의 노란색은
   비타민A 계통인 베타캐로틴에
   의한 것이다.
2. 파인애플에 풍부한 구연산은
   비타민C의 효과를 높이고, 신
   진대사를 활발하게 하여 피로
   회복에 도움을 준다.
3. 파인애플에 함유된 단백질 분
   해효소인 브로멜린은 기관지
   가 붓는 것과 염증을 제거하는
   효과가 있다.

1 파인애플을 길이로 길게 반 잘라줍
  니다. 그중 파인애플 1/2개를 준비
  해 과도로 속을 파내주세요. 파인애플
  껍데기를 그릇으로 사용하기 위해 속을
  파내는 것입니다.

2 파낸 파인애플은 가운데 단단한 심
  지를 잘라내고 굵직하게 다져줍니
  다.

3 껍질과 내장을 빼고 살만 준비한 새
  우살을 굵직하게 잘라 그릇에 담고
  허브솔트를 넣고 버무려 밑간을 해줍니
  다.

4 달군 팬에 기름을 살짝 두르고 달걀
  과 소금 1꼬집을 잘 섞은 계란물을
  붓고 뭉글뭉글하게 잘 볶아줍니다.

5 적피망, 청피망, 양파, 표고버섯을
  굵직하게 다져줍니다. 다진 마늘도
  준비해주세요.

6 달군 팬에 포도씨유를 두르고 다진
  마늘을 먼저 볶아 향을 내줍니다.

7 준비해둔 적피망, 청피망, 표고버섯, 양파를 넣고 볶은 후 소금 1작은술로 간을 해줍니다.

8 여기에 밑간해둔 새우를 넣고 볶아주세요.

9 그다음 준비해둔 파인애플을 넣고 살짝 볶아줍니다.

10 달군 팬에 기름을 살짝 두르고 밥, 소금 1작은술, 후추 약간으로 간을 해 볶아줍니다.

11 볶아 준비해둔 계란, 채소, 새우, 파인애플을 밥에 넣고 고루 잘 섞어주면서 한 번 더 볶아 파인애플 볶음밥을 완성해줍니다. 그리고 준비해둔 파인애플 그릇에 담아주세요.

Tip 새싹 샐러드

1. 파인애플을 2.5cm 두께 통으로 썰어 1조각 정도를 조각조각 잘라 그릇에 담고 파인애플즙(껍질 벗겨둔 파인애플에서 생긴 물) 3큰술을 넣고 핸드블랜더로 갈아줍니다.
2. 곱게 간 파인애플에 플레인 요구르트 1통, 마요네즈 2큰술, 머스타드소스 1큰술, 꿀 1큰술, 소금 1 꼬집, 후추 약간을 넣고 섞어 드레싱을 만들어줍니다.
3. 베이비채소 1통, 새싹 1통, 양상추 2장을 준비해 깨끗하게 씻어 건져 물기를 빼줍니다. 양상추는 돌돌 말아 채썰어줍니다. 그리고 준비한 채소를 접시에 담고 드레싱을 올려주세요.

대게찜

Ingredients

한 마리당 400~500g 하는 대게
4마리/ 대게 4마리의 게장
밥 2공기
통깨 1큰술/ 참기름 1/2큰술/ 구운
김 1장

1. 대게는 아미노산이 풍부하게
   들어 있어서 성장발달에 도움
   을 주는 식품이다.
2. 대게는 성질이 차서 해열에 좋
   다.
3. 대게는 지방이 적고 부드러워
   소화가 잘되기 때문에 아픈 후
   에 먹어주면 입맛을 돋워주고
   기력을 회복하는 데 도움이 된
   다.

1 대게 겉을 솔로 한 번 문질러준 후
  흐르는 물에 씻어 체에 건져주세요.

2 큰 찜솥에 끓어오르면 체반을 넘지
  않도록 물을 부어주세요. 체반을 넣
  고 끓여 김이 나면 대게 배가 위로 향하
  게 넣은 후 뚜껑을 덮어 20분간 찌고 5분
  간 뜸을 들여줍니다.

3 찐 대게 몸통에서 잘라낸 다리 제일
  큰 마디 끝부분의 양옆을 가위로 살
  짝 잘라줍니다.

4 양옆에 가위집을 낸 다리를 살짝 꺾
  어주면 대게 껍데기가 뚝 끊어집니
  다.

5 끊어진 대게 껍데기를 살짝 당겨주
  면 속살이 빠져 나옵니다. 맛나게
  드시면 된답니다.

6 몸통에서 잘라낸 대게 다리의 제일
  큰 마디 끝부분을 가위로 잘라줍니
  다.

7 살이 없고 뾰족한 대게 다리 끝 마
  디를 잘라 밀어주면 대게살이 빠져
  나옵니다. 맛나게 드시면 돼요.

8 한 손은 대게 등껍데기를 잡고 한 손은 대게 몸통의 잘라진 다리 부분을 잡고 꺾어 떼어줍니다.

9 대게 등껍데기와 아가미 부분이 분리되었습니다.

10 가위로 대게의 아가미를 잘라 버려줍니다.

11 아가미를 잘라내고 난 몸통을 대게 다리가 붙어 있던 위치에 맞추어 가위로 잘라줍니다. 살이 많고 쫄깃해서 맛난 부분이랍니다.

12 그릇에 대게 등껍데기에 있는 장을 긁어모아 담아주세요.

13 대게의 게장, 밥, 통깨, 참기름과 구운 김을 잘라 넣고 비벼 대게 등껍데기에 담아주세요. 그리고 맛나게 드시면 된답니다.

Tip 바나나 검은콩 셰이크

1. 바나나 1개를 잘라 검은콩가루와 검정깨가루를 섞은 것 2큰술과 함께 믹서에 담아줍니다.
2. 여기에 우유 1+1/2컵을 붓고 갈아주세요.

4장
특별한 날 간단한 일품 간식거리

바비큐치킨과 웨지감자

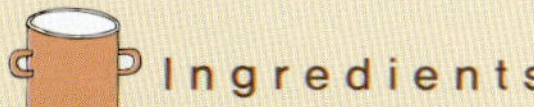

Ingredients

닭봉, 닭날개 500g씩
감자 2개
대파 1대/ 마늘 5쪽/ 다진 양파 1/2개/
월계수잎 2장
통후추 1작은술/ 허브솔트 3작은술/ 포
도씨유 2큰술/ 케첩 4큰술/ 스테이크소
스 2큰술(우스터소스 또는 바비큐소스)/
핫소스 2큰술/ 설탕 2큰술/ 식초 1큰술/
소금 1작은술/ 후추 약간/ 파마산 치즈가
루 1큰술/ 파슬리가루 1/2작은술

1. 닭봉은 다른 부위에 비해 지방
   이 적고 단백질이 많아 연하여
   아이들이 좋아하는 부위이다.
2. 닭날개는 살은 많지 않지만 뼈
   주위에 팩틴질이 많아 쫄깃한
   맛을 낸다.
3. 닭날개의 팩틴질에는 콜라겐
   이 많이 함유되어 있어서 피부
   를 매끄럽게 해준다.
4. 닭고기를 철분, 칼륨, 마그네슘
   등의 무기질이 풍부한 알칼리
   성 식품인 감자와 함께 먹으면
   고기의 산성을 중화시키고 나
   트륨을 배설시켜주는 역할을
   한다.

1 썻어둔 닭봉과 닭날개를 냄비에 물 8컵, 대파, 통후추, 슬라이스로 자른 마늘과 함께 넣고 삶아줍니다. 한 번에 몽땅 넣지 말고 3~4개씩 넣어 데치듯 삶아주세요.

2 삶아 건져낸 닭은 체에 받쳐 물기를 빼고 허브솔트 2작은술로 버무려 재워줍니다.

3 달군 팬에 포도씨유 1큰술을 두르고 다진 양파를 볶아줍니다. 그리고 케첩을 넣고 신맛이 없도록 볶아줍니다.

4 스테이크소스, 핫소스, 설탕, 식초, 물 10큰술, 소금, 후추 약간을 섞은 양념을 넣고 월계수잎을 넣어 살짝 끓인 후 준비해둔 닭을 넣고 양념에 조려줍니다.

5 양념에 잘 조린 닭을 오븐팬에 올려 예열된 오븐 210도에서 10~15분간 구워줍니다.

6 80% 정도 삶아 체에 건진 감자는 물기를 충분히 빼고 포도씨유 1큰술, 파마산치즈가루, 허브솔트 1작은술, 파슬리가루를 넣고 비닐장갑을 낀 손으로 고루 버무려줍니다.

7 그리고 오븐팬에 올려 예열된 오븐 컨벡션기능으로 210도에서 10~15분간 구워주세요.

밤 아몬드 치즈또띠아

Ingredients

8인치 또띠아 2장
껍질 벗긴 생밤 3개/ 슬라이스 아
몬드 2큰술/ 피자치즈 100g
꿀 2큰술

1. 밤에는 전분이 많이 들어 있어
   서 곡류와 비슷한 성분을 가지
   기 때문에 주식 대용으로 이용
   되기도 한다.
2. 밤은 자당의 함량이 높기 때문
   에 단맛이 많이 난다.
3. 밤의 껍질에 탄닌의 함량이 높
   기 때문에 변비 예방을 위해
   껍질을 잘 제거한 후 섭취하는
   것이 좋다.
4. 아몬드는 불포화지방산이 풍
   부하여 동맥경화를 예방하고
   두뇌활동을 활발하게 하는 데
   도움을 준다.

1 껍질 벗긴 생밤을 슬라이스로 잘라
줍니다.

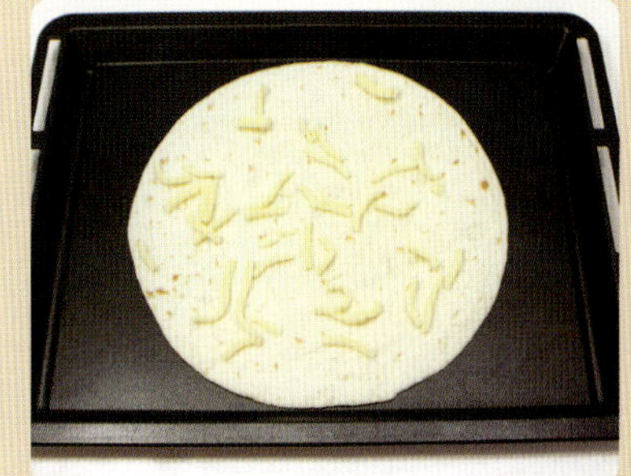

2 오븐팬에 8인치 또띠아 1장을 깔고
피자치즈를 살짝 뿌려주세요.

3 그리고 8인치 또띠아 1장을 덮어줍
니다.

4 2장을 포갠 또띠아 위에 피자치즈
를 고루 올려줍니다.

5 준비한 밤을 올려주고 슬라이스 아
몬드도 고루 올려줍니다.

6 그리고 피자치즈를 살짝 뿌려준 후
예열된 오븐 180도에서 10분간 구
워주세요.

7 마지막으로 꿀을 뿌려 먹으면 된답
니다.

고구마 찹쌀경단

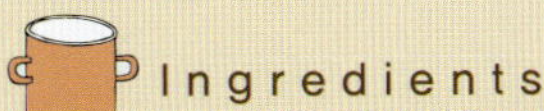
Ingredients

고구마 1개(150g)/ 80g 카스텔라 2개
땅콩가루 2큰술/ 꿀 1큰술/ 계피분 1/2작은술/ 찹쌀가루 6컵/ 설탕 1큰술

Nutrition Tip

1. 고구마는 섬유질이 풍부하고, 프로비타민A인 베타캐로틴이 풍부하다.
2. 고구마는 저장 과정 중에 전분이 당질로 변환되어 단맛을 낸다.
3. 찹쌀이 많이 들어가면 아이들이 먹을 때 체할 수 있으므로 먹기 적당한 크기로 빚는다.

1 고구마를 쪄 뜨거울 때 으깨줍니다. 여기에 땅콩가루, 꿀, 계피분을 넣고 고루 섞어 속을 만들어줍니다.

2 카스텔라를 준비해 윗부분의 짙은 색을 떼내주세요.

3 카스텔라를 믹서에 갈아 고물을 만들어줍니다. 그다음 찹쌀가루는 체에 내리고 설탕을 섞어주세요.

4 여기에 팔팔 끓인 물 15큰술을 3~4번에 나누어 넣어주면서 익반죽을 차지게 해주세요.

5 익반죽을 메추리알 크기로 둥글게 빚은 후 속을 채울 공간을 만들고 고구마소를 1작은술씩 넣어줍니다. 그리고 입구를 꼭꼭 집어준 후 두 손바닥으로 둥글려 경단을 빚어주세요.

6 넉넉한 냄비에 물을 붓고 끓으면 경단을 넣어 바닥에 붙지 않도록 저어 물 위로 떠오르면 건져줍니다. 찬물에 담가 충분히 식힌 후 체에 건져 물기를 빼주세요.

7 그리고 준비한 카스텔라 고물에 굴려 고물을 고루 묻혀주세요.

목살 스테이크

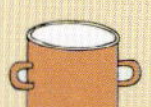
Ingredients

돼지목살 1.5cm 두께 3조각 (600g)
애느타리버섯 200g 1팩/ 마늘 4쪽
/ 당근 1/4개/ 양파 1/4개
A1(스테이크소스) 6큰술/ 케첩 4큰술/ 굴소스 2큰술/ 머스타드소스 1큰술
허브솔트 2작은술/ 설탕 2큰술/ 포도씨유 1큰술/ 다진 마늘 1큰술/ 소금 3꼬집/ 후추 약간

1. 돼지의 목살은 다른 부위에 비해 지방 함량이 낮아 열량이 낮다.
2. 목살은 다른 부위에 비해 칼슘 함량이 높다.

1 돼지목살을 허브솔트로 밑간을 해줍니다.

2 소스팬에 A1(스테이크소스), 케첩, 굴소스, 머스타드소스, 설탕을 담고 고루 잘 섞어줍니다.

3 그리고 섞은 소스를 살짝 끓여주세요.

4 곁들일 채소인 애느타리버섯을 흐르는 물에 가볍게 씻어 가닥가닥 떼어주고, 마늘, 당근, 양파를 채썰어줍니다.

5 달군 팬에 포도씨유를 두르고 다진 마늘을 볶아 향을 내줍니다.

6 그리고 애느타리버섯, 당근, 양파를 넣고 살짝 볶은 후 소금과 후추 약간으로 간을 해주세요.

7 밑간해두었던 고기를 팬에 앞뒤 노릇하게 구워줍니다. 고기를 구운 후 준비한 채소를 곁들여 접시에 담고 소스를 뿌려주면 된답니다.

단호박 바게트 그라탕

1.5~2cm 두께 바게트빵 5조각
양파 1/2개/ 단호박 200g/ 밀가루
1큰술/ 월계수잎 2장/ 피자치즈
100g/ 슬라이스 치즈 2장
우유 1/2컵/ 소금 1작은술/ 후추
약간/ 포도씨유 1큰술

Nutrition Tip

1. 단호박에는 베타캐로틴 등의 캐로틴이 풍부하게 들어 있기 때문에 체내에서 항산화 작용을 하고, 비타민A의 재료가 된다.
2. 비타민A는 피부와 점막의 면역력을 강화시키는 역할을 하고, 눈의 건강을 유지하는 데 필요하다.
3. 캐로틴을 기름과 함께 조리하여 섭취하면 흡수율을 높여주기 때문에 더욱 효율적으로 섭취할 수 있다.

1 바게트빵을 1.5~2cm 두께 통으로 잘라 기름 없이 달군 팬에 앞뒤 까실하게 구워줍니다.

2 달군 냄비에 포도씨유를 두르고 채 썬 양파를 볶아줍니다.

3 그리고 얇게 저며 썬 단호박을 넣고 볶아준 후 밀가루를 넣고 덩어리가 없도록 볶아줍니다.

4 여기에 물 1+1/2컵을 붓고 끓여줍니다. 월계수잎도 함께 넣고 단호박이 무르도록 끓여주세요. 그리고 월계수잎을 잠시 건져내고 핸드블랜더로 갈아주세요.

5 우유를 넣고 좀 더 끓인 후 소금과 후추 약간으로 간을 맞춥니다.

6 그라탕기에 단호박 수프를 담고 준비해둔 바게트빵을 올립니다.

7 피자치즈를 올리고 슬라이스 치즈도 굵직하게 채썰어 올려 예열된 오븐 200도에서 8~10분 정도 구워줍니다. 오븐 시간은 각자의 오븐 환경에 맞춰주세요.

흑미 찹쌀호떡

고구마 작은 것 1개(150g)
흑미 찹쌀가루 3컵/ 해바라기씨 2
큰술/ 계피분 1/2작은술
꿀 2큰술/ 포도씨유 약간

1. 흑미는 안토시아닌 성분이 풍
   부하여 노화를 방지한다.
2. 흑미는 일반 쌀에 비해 식이섬
   유질, 티아민, 미네랄 등의 영
   양소의 함량이 높다.

1 흑미 찹쌀가루에 팔팔 끓인 물 10큰
술을 넣고 익반죽해줍니다. 물을 한
번에 넣지 말고 반죽의 질기를 보면서
2~3번에 나누어 넣어주세요.

2 흑미 찹쌀가루 반죽을 차지게 치대
주세요.

3 고구마를 삶은 후 뜨거울 때 으깨줍
니다.

4 해바라기씨를 마른 팬에 볶아 잘게
다져줍니다.

5 으깬 고구마, 다진 해바라기씨, 꿀,
계피분을 넣고 섞어 소를 준비해줍
니다.

6 찹쌀 반죽에 소를 넣고 잘 감싸준
후 손바닥으로 눌러 둥글넓적하게
모양을 잡아주세요.

7 은근하게 달군 팬에 포도씨유를 두
르고 빚은 찹쌀 반죽을 올려 구워줍
니다. 앞뒤로 구운 후 볶은 해바라기씨
를 올려 꾹 눌러줍니다. 그리고 꿀을 살
짝 발라 윤기를 내주세요.

물만두국

Ingredients

물만두 30개
대파 1대/ 달걀 1개
멸치, 다시마, 표고버섯 우린 물 8컵/
청주 3큰술/ 국간장 3큰술/ 참기름
1~2방울/ 후추 약간

1. 만두 안에는 고기와 익힌 채소
   들이 들어 있고, 어떤 재료가
   들어있는지에 따라 다양한 영
   양 성분이 들어 있다.
2. 멸치는 갈아서 뼈째로 쓰는 것
   이 칼슘 섭취에 좋다.

1 냄비에 물 8컵, 사방 10cm 다시마 1
장, 다시용 멸치 한 줌, 건 표고버섯
3개를 넣고 끓으면 불을 끄고 뚜껑 덮어
10분간 우린 후 건더기를 건져줍니다.

2 여기에 청주와 국간장으로 간을 하
고 끓여줍니다.

3 물이 끓기 시작하면 물만두를 넣고
끓여줍니다.

4 그리고 송송 썬 대파를 넣고 끓여주
세요.

5 그다음 알끈 없이 푼 달걀을 조금씩
끓어주면서 넣어주세요. 달걀을 넣
고 나면 불을 꺼주세요.

6 참기름과 후추 약간으로 마무리를
해줍니다.

웨지 치즈 감자

Ingredients

감자 4개/ 피자치즈 200g
포도씨유 2큰술/ 허브솔트 2작은술/
파마산 치즈가루 2큰술/ 파슬리가루
약간

1. 치즈에는 칼륨과 마그네슘이
   부족하고, 감자에는 칼슘이 부
   족하다.
2. 감자와 유제품은 서로 부족한
   영양소를 보충해줄 수 있는 궁
   합이 잘 맞는 식품이다.

1 감자를 껍질 벗겨 길이로 8등분해
잘라줍니다.

2 물 6컵을 냄비에 담고 끓으면 감자
를 넣고 데치듯 삶아줍니다.

3 삶은 감자를 체에 건져 물기를 빼주
세요.

4 포도씨유, 허브솔트, 파마산 치즈가
루를 넣고 섞어줍니다.

5 그리고 삶은 감자와 버무려 오븐팬
에 올리고 컨벡션기능으로 210도에
서 10~15분간 구워줍니다.

6 오븐 용기 2개에 오븐에 구운 웨지
감자를 나누어 담습니다. 웨지감자
를 용기에 한 층 담고 피자치즈를 살짝
올린 후 웨지감자를 한 층 더 담습니다.

7 피자치즈를 듬뿍 올린 후 파슬리가
루를 살짝 뿌려 오븐 180도에서
10~15분간 노릇하게 구워주세요.

불고기 파피자

Ingredients

쇠고기 600g
당근 1/4개/ 대파 작은 것 1대/ 8인치 또띠아 4장/ 피자치즈 200g(또띠아 2장당 100g 사용)
간장 4큰술/ 청주 2큰술/ 다진 마늘 1/2큰술/ 다진 양파 1/4개/ 참기름 1/2큰술/ 설탕 1/2큰술/ 물엿 1/2큰술/ 후추 1/2작은술/ 케첩 2큰술/ 핫소스 1큰술

1. 파의 녹색 부분은 베타캐로틴이 많고 백색 부분에는 비타민 C의 함량이 높다.
2. 파는 가열하게 되면 매운맛 성분의 페닐디설파이드류가 프로필메르캅탄으로 환원되어 단맛을 낸다.
3. 파의 알린은 알라이신으로 분해되어 티아민의 체내 이용률을 높여준다.

1 불고기감으로 준비한 쇠고기를 굵직하게 썰어 그릇에 담고 간장, 청주, 다진 마늘, 다진 양파, 참기름, 설탕, 물엿, 후추를 섞은 양념을 넣고 재웁니다.

2 달군 팬에 기름을 살짝 두르고 키친타월로 고루 닦은 후 불고기를 볶아줍니다. 불고기가 거의 익어갈 즘 채썬 당근, 어슷썬 대파를 넣고 볶아주세요.

3 오븐팬에 8인치 또띠아 1장을 깔고 피자치즈를 살짝 뿌려줍니다. 그 위에 8인치 또띠아 1장을 덮어주세요.

4 또띠아 사이의 피자치즈가 오븐열에 녹으면 2장이 찰싹 붙어 떨어지지 않아요. 그 위에 케첩과 핫소스를 섞은 소스 1/2을 발라주세요.

5 피자치즈를 살짝 한 번 더 올립니다.

6 그리고 한 김 식은 볶아둔 불고기 1/2을 올려줍니다. 피자치즈도 듬뿍 올려 예열된 오븐 180도에서 10분 정도 구워줍니다.

7 대파를 씻고 곱게 채썰어 찬물에 담가 매운맛을 재거해줍니다. 그리고 흐르는 물에 씻어 체에 건지고 물을 충분히 빼 완성된 피자에 올려주세요.

어묵 월남쌈

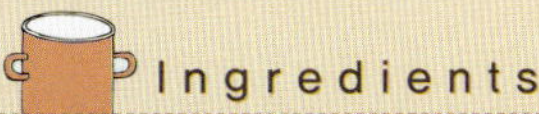

Ingredients

사각어묵 1장/ 칵테일 새우 24마리/
빨간색, 노란색 파프리카 1/2개씩/
피망 1/2개/ 라이스페이퍼 8장
간장 1큰술/ 레몬식초 2큰술/ 설탕
1/2큰술

Nutrition Tip

1. 월남쌈은 다양한 채소를 생으
   로 섭취하기 때문이 비타민 등
   의 영양소를 파괴 없이 섭취할
   수 있는 장점을 가지고 있다.

1 사각어묵을 길이가 짧은 쪽으로 채
  썰어줍니다.

2 채썬 어묵을 체에 담아 팔팔 끓인
  물을 부어 기름을 빼줍니다.

3 칵테일 새우는 끓는 물에 넣고 데쳐
  꼬리를 떼고 준비해주세요.

4 빨간색, 노란색 파프리카와 피망을
  채썰어줍니다.

5 간장, 레몬식초, 설탕을 넣고 섞어
  찍어 먹을 소스를 만듭니다.

6 라이스페이퍼를 팔팔 끓인 물에 담
  갔다가 건져주세요.

7 그리고 접시에 깔아 준비한 재료를
  올리고 밑부분을 한 번 접은 뒤 양
  옆을 접어 돌돌 말아줍니다.

마늘 치즈 또띠아

Ingredients

8인치 또띠아 2장/ 피자치즈 30g
포도씨유 2큰술/ 파마산 치즈가루
2큰술/ 다진 마늘 1큰술/ 허브솔트
1작은술

1. 마늘에는 알리신과 티아민이 결합되어 활성인 알리티아민의 형태로 포함되어 있어 다른 식품에 포함된 티아민보다 흡수율이 높아 티아민의 급원으로 좋다.
2. 치즈는 칼슘과 아연의 급원식품이다.
3. 아연은 ADHD(주의력결핍 과잉행동장애)의 완화에 도움을 준다.

1 포도씨유, 파마산 치즈가루, 다진 마늘, 허브솔트를 섞어줍니다.

2 오븐팬 위에 8인치 또띠아 1장을 올리고 만들어둔 마늘소스 1/2을 고루 펴 발라줍니다.

3 그리고 피자치즈를 살짝 손끝으로 잡고(15g, 2큰술) 뿌려주세요. 그다음 예열된 오븐 180도에서 8~10분간 노릇하게 구워줍니다.

4 구워진 마늘 치즈 또띠아를 가위를 이용해 삼각형으로 잘라주세요.

Tip 스틱 마늘빵

1. 식빵 5장을 6등분으로 잘라줍니다.
2. 버터 40g을 중탕으로 녹여줍니다.
3. 녹인 버터에 다진 마늘 1큰술을 넣고 섞어준 후 오븐팬에 잘라둔 식빵을 올리고 마늘버터를 앞뒤로 발라줍니다.
4. 파슬리가루를 살짝 뿌려준 후 예열된 오븐 180도에서 10분간 구워줍니다.

닭꼬치 치즈구이

Ingredients

닭안심 1팩(500g, 18조각)/ 피자치즈 20g
허브솔트 2작은술/ 고추기름 1큰술/ 다진 마늘 1큰술/ 핫소스 2큰술/ 고추장 1큰술/ 케첩 1큰술/ 물엿 1큰술/ 설탕 1큰술/ 간장 1큰술/ 매실원액 2큰술

1. 닭에는 성장에 필요한 메티오닌, 라이신 등의 아미노산이 쇠고기보다 많이 들어 있다.
2. 치즈의 유산균은 장내 정상균총을 이루는 데 도움을 주고, 칼슘을 섭취하는 데 좋다.

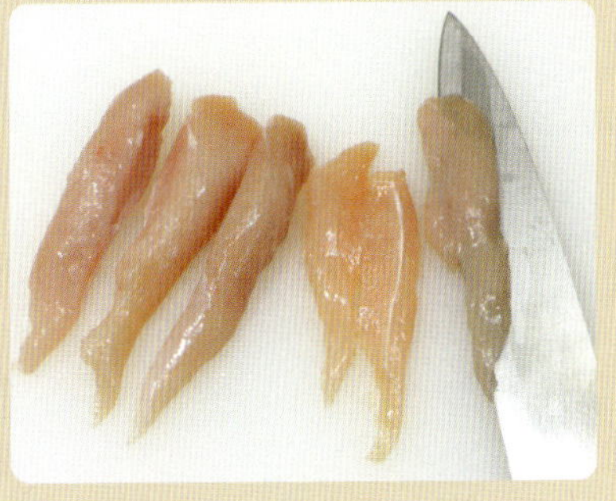

1 닭안심을 물에 씻어 반으로 포를 떠 줍니다.

2 그리고 허브솔트를 뿌려 밑간을 해주세요.

3 고추기름, 다진 마늘, 핫소스, 고추장, 케첩, 물엿, 설탕, 간장, 매실 원액을 섞어 양념을 만듭니다.

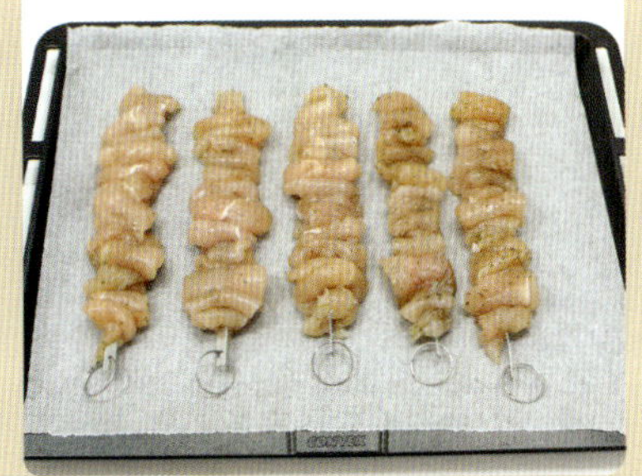

4 그다음 밑간해둔 닭안심을 꼬치에 끼워 호일 간 오븐팬에 올려 예열된 오븐 240도 컨벡션기능으로 8~10분간 구워주세요.

5 구워진 닭꼬치에 양념을 앞뒤로 꼼꼼히 발라 210도 컨벡션기능으로 5분간 구워줍니다. 닭꼬치를 꺼내 다시 양념을 앞뒤로 바르고 5분간 굽는 식으로 총 3번을 양념 발라 구워줍니다.

6 그리고 피자치즈를 살짝 올려 치즈가 녹을 정도로만 구워주세요.

햄 고구마 스테이크

Ingredients

캔햄 200g/ 고구마 1개(150g)
다진 양파 1/2개/ 감자전분 3큰술/
달걀 1개
포도씨유 약간/ 스테이크소스(A1)
3큰술/ 설탕 2큰술/ 굴소스 1큰술/
머스타드소스 1/2큰술/ 케첩 2큰술

Nutrition Tip

1. 고구마에는 칼륨이 풍부하여
   햄에 들어 있는 나트륨과 균형
   을 맞추는 역할을 한다.
2. 고구마에는 섬유질이 풍부하
   여 정장작용을 한다.
3. 고구마는 비타민A의 전구체인
   베타캐로틴이 풍부하다.

1 준비한 캔햄을 끓는 물에 넣고 삶아
줍니다.

2 삶은 햄을 칼등으로 으깬 후 칼로
한 번 더 다져주세요.

3 고구마는 삶은 후 뜨거울 때 으깨줍
니다.

4 준비한 고구마와 햄을 그릇에 담고
다진 양파, 감자전분, 달걀도 함께
넣고 고루 잘 섞어 반죽을 만들어줍니
다.

5 만든 반죽을 손으로 둥글넓적하게
빚어주세요.

6 달군 팬에 포도씨유를 두르고 약한
불에서 앞뒤 노릇하게 구워줍니다.

7 소스팬에 스테이크소스(A1), 설탕,
굴소스, 머스타드소스, 케첩을 담고
섞은 후 약한불에서 살짝 끓여주세요. 만
들어둔 스테이크를 넣고 끓여줘도 좋고,
소스를 얹어 먹어도 좋습니다.

갈릭치킨

Ingredients

닭 1마리(1kg)
우유 1컵/ 포도씨유 3큰술/ 식초 1
큰술/ 꿀 1큰술
다진 마늘 3큰술/ 소금 2작은술/
후추 1/2작은술/ 마요네즈 1큰술/
머스타드소스 2큰술/ 허브솔트 1/2
작은술

1. 마늘에 들어 있는 티아민은 신
   체에너지 발생에 꼭 필요한 성
   분이다.
2. 티아민은 신경전달물질의 생
   합성에 관여하여 두뇌활동을
   활발하게 한다.
3. 아이들은 마늘을 싫어할 수도
   있는데, 이때 우유를 첨가해주
   면 마늘 특유의 향과 맛을 완
   화시켜주고 닭의 비린내도 제
   거할 수 있다.
4. 포도씨유는 비타민E와 리놀레
   산이 풍부하여 항산화 효과와
   콜레스테롤 수치를 낮추는 역
   할을 한다.

1 닭을 깨끗하게 씻어 건져줍니다. 그
리고 그릇에 담고 우유를 부어 40분
정도 재워 비린내를 없애주세요.

2 우유에 재운 닭을 흐르는 물에 씻고
체에 건져 물기를 어느 정도 빼줍니
다.

3 닭을 우유에 재우는 동안 다진 마
늘, 포도씨유, 소금, 후추를 고루 잘
섞어줍니다.

4 우유에 재워 씻은 후 물기 뺀 닭을
그릇에 담고 만들어둔 마늘기름을
넣고 고루 잘 버무려줍니다.

5 오븐팬에 석쇠를 올리고 물 1컵을
부어주세요.

6 마늘기름을 바른 닭을 겹치지 않도
록 잘 펼쳐 올려준 후 예열된 오븐
240도에서 30~40분간 구워주세요. 중간
에 닭을 한 번 뒤집어 구워주세요.

7 그릇에 마요네즈, 머스타드소스,
식초, 꿀, 허브솔트를 넣고 고루 섞
어 치킨을 찍어 먹을 소스를 만들어주세
요.

산딸기 설기떡

Ingredients

산딸기 200g
쌀가루 4컵
설탕 200g

1 산딸기와 설탕을 고루 섞어 1~2일 실온에서 재워줍니다.

2 쌀가루를 체에 내려 씻은 후 그릇에 담고 충분히 잠길 만큼의 물을 부어 4시간 정도 불려줍니다.

Nutrition Tip

1. 산딸기에는 비타민C가 풍부하다.
2. 그러나 산딸기의 비타민C는 떡을 익히는 과정 중에 파괴되기 쉬우므로 조리 시 주의가 필요하다.

3 설탕에 재운 산딸기의 건더기와 물을 함께 숟가락으로 떠줍니다. 5큰술을 넣고 고루 잘 섞어줍니다. 쌀가루 1컵에 물 1큰술을 넣고 물주기를 합니다.

4 쌀가루, 산딸기, 산딸기 재운 물이 고루 잘 섞이도록 손으로 열심히 비벼주세요. 덩어리지지 않게 손바닥으로 비벼가면서 해줍니다.

5 그다음 체반에 젖은 면보를 깔고 틀을 올린 후 산딸기 쌀가루를 고르게 담아줍니다.

6 산딸기 쌀가루를 담은 후 젖은 면보를 덮어주세요.

7 찜기 뚜껑을 덮고 김 오른 찜솥에 올려 20~25분간 쪄준 후 5분간 뜸을 들입니다.

김치 고구마 피자

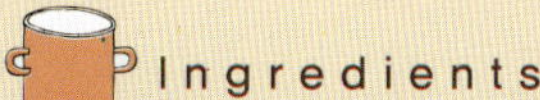

Ingredients

묵은 김치 100g/ 고구마 1개(180g)/
피자치즈 100g
밀가루 1컵/ 달걀 1개/ 양파 1/2개
소금 1/3작은술/ 포도씨유 1큰술+약
간/ 핫소스 1큰술/ 케첩 2큰술/ 파슬
리가루 1작은술

1. 고구마는 섬유질과 당질이 풍
   부하고, 프로비타민A인 베타캐
   로틴이 풍부하다.
2. 김치, 고구마, 양파는 쉽게 구
   할 수 있는 재료이므로 집에서
   간단하게 피자를 만들 수 있
   다.

1 볼에 밀가루, 물 1컵, 달걀, 소금을
넣고 섞어줍니다. 섞은 반죽을 체에
내려 반죽 덩어리를 걸러줍니다.

2 달군 팬에 포도씨유를 두르고 반죽
을 부어 국자로 평평하게 만든 후
앞뒤로 노릇하게 구워줍니다.

3 다진 묵은 김치와 양파를 달군 팬에
포도씨유를 살짝 두르고 볶아 익혀
줍니다. 수분이 최대한 없도록 볶아주세
요.

4 고구마를 야채솔로 문질러 껍질째
깨끗하게 씻어 곱게 채썰어줍니
다. 그리고 물에 10분 정도 담가 전분을
뺀 후 물에 헹궈 체에 받쳐 물기를 빼주
세요.

5 달군 팬에 포도씨유 1큰술을 두르
고 물기 뺀 고구마채를 볶아 익혀줍
니다.

6 아주 약한불에 프라이팬을 올리고
밀전병(2번 과정)을 올려줍니다. 핫
소스와 케첩을 섞은 소스를 고루 바르고
피자치즈를 살짝 뿌린 다음 볶아둔 김치
와 양파를 올립니다.

7 여기에 익힌 고구마채를 올리고 피
자치즈를 올린 후 파슬리가루를 뿌
려줍니다. 뚜껑을 덮고 약한불에서 치즈
가 녹을 정도로 구워줍니다.

수수팥떡

Ingredients

팥 1컵/ 찹쌀가루 2컵/ 수숫가루 2컵
설탕 9큰술/ 소금 1/2작은술

1. 팥은 사포닌을 함유하고 있고, 칼륨, 티아민이 많이 들어 있다.
2. 팥은 이뇨작용을 가지고 있어서 체내의 과다한 수분을 배출시키고, 신장의 건강을 유지하는 데 도움을 준다.

1 팥을 씻어 냄비에 담고 팥이 잠길 만큼의 물을 부어 한 번 팔팔 끓여줍니다. 그리고 첫물은 따라버리고 물 3컵을 부어 약~중불에서 삶아줍니다.

2 타지 않고 물기 없이 삶아진 팥을 커터기에 담고 설탕 1큰술과 소금을 넣고 갈아 고물을 만들어줍니다.

3 냉동실에 있던 찹쌀가루와 수숫가루를 해동시킨 후 체에 담아 내려줍니다. 설탕 8큰술을 넣고 섞어준 후 팔팔 끓인 물 6큰술을 조금씩 나누어 넣어 익반죽합니다.

4 반죽이 차지도록 열심히 치대어 반죽을 해주고, 메추리알 정도의 크기로 둥글게 빚습니다.

5 반죽을 팔팔 끓는 물에 넣어 바닥에 달라붙지 않도록 저어주세요. 반죽이 물 위로 떠오르면 건져 찬물에 담가 충분히 식힌 후 체에 건져 물기를 빼줍니다.

6 그리고 준비한 팥고물에 올려 고루 묻혀주세요.

고추장소스 나물피자

Ingredients

쇠고기 산적 1토막(70g)
고사리, 도라지, 콩나물, 시금치나
물 40g씩
8인치 또띠아 4장/ 피자치즈 200g(또
띠아 2장당 100g 사용)
포도씨유 1/2큰술/ 다진 마늘 1/2
큰술/ 고추장 1큰술/ 케첩 1큰술/
핫소스 1큰술/ 설탕 1/3큰술

1. 일반적인 피자는 주로 고기나
   햄을 많이 넣기 때문에 기름지
   고 열량이 높다.
2. 나물을 넣어 피자를 만들면 식
   이섬유질이 풍부하고 상대적
   으로 열량이 낮은 피자가 된
   다.

1 고사리, 도라지, 콩나물, 시금치나
물을 숭덩숭덩 잘라 준비해줍니다.
쇠고기 산적은 얇게 채썰어 준비해주세
요.

2 달군 마른 팬에 준비한 나물을 한
번 볶아 수분을 제거해주고, 쇠고기
산적을 담고 고루 섞이도록 한 번 더 볶
아줍니다.

3 팬에 포도씨유를 두르고 다진 마늘
을 넣고 볶아 향을 내주세요.

4 그리고 고추장, 케첩, 핫소스, 설탕,
물 1/3컵을 붓고 끓여줍니다.

5 소스를 바글바글 졸이듯 끓여주세
요. 이렇게 고추장소스를 준비합니
다.

6 오븐팬에 또띠아 1장을 올리고 피
자치즈를 살짝 뿌려줍니다. 그리고
또띠아 1장으로 덮어주세요. 준비해둔
고추장소스를 고루 펴 발라주고 그 위에
피자치즈를 올려주세요.

7 마지막으로 나물과 쇠고기 산적을
올리고 피자치즈를 올려주세요. 그
리고 예열된 오븐 180도에서 10분간 구
워주시면 됩니다.

김치소스 두부스테이크

Ingredients

두부 1모(400g)
김치(줄기 부분) 5큰술(100g)/ 양
파 중간 크기 1/4개/ 피망 1/2개
소금 1/2작은술/ 포도씨유 약간/
케첩 3큰술/ 핫소스 1큰술/ 설탕
1/2큰술/ 소금 약간

Nutrition Tip

1. 두부는 콩의 단백질을 응고시
   켜 만들어 콩의 영양 성분이
   거의 유지된다.
2. 두부는 콩보다 소화흡수율이
   높아지기 때문에 콩의 영양 성
   분을 흡수하는 데 더 좋다.

1 두부를 1.5cm 두께로 두툼하게 잘
라 소금으로 밑간을 해줍니다.

2 두부에 생긴 물기를 키친타월로 한
번 닦아준 후 달군 팬에 기름을 두
르고 앞뒤 노릇하게 구워줍니다.

3 김치는 줄기 부분으로 다지고, 양파
와 피망도 다져줍니다.

4 팬에 포도씨유를 두르고 준비한 김
치, 양파, 피망을 볶아줍니다.

5 그리고 케첩과 핫소스를 넣고 한 번
섞어주세요.

6 물 4큰술, 설탕, 소금 약간을 넣고
약한불에서 살짝 끓이듯 볶아 소스
를 완성합니다. 그리고 구워둔 두부에
소스를 얹어주세요.

바게트 보트 피자

Ingredients

자른 바게트 1개
캔햄 1/2개(100g)
홍피망, 청피망 1/4개씩/ 양파 1/4
개/ 올리브 7개/ 피자치즈 200g
케첩 3큰술/ 핫소스 2큰술/ 파슬리
가루 약간

1. 기초식품을 골고루 섭취할 수
   있는 간식으로 가끔씩 식사 대
   용으로 먹기에 좋다.
2. 그러나 열량이 높은 편이기 때
   문에 과다하게 섭취하는 것을
   주의해야 한다.

1 홍피망, 청피망, 양파, 캔햄을 다지
  고 올리브를 슬라이스로 잘라줍니
  다.

2 팬에 기름을 살짝 두르고 햄을 볶아
  줍니다.

3 올리브를 제외한 채소를 넣고 수분
  없이 볶아줍니다.

4 바게트를 길이로 반 자르고 바게트
  1/2개를 반으로 갈라줍니다. 그리고
  포크로 바게트 속살을 긁어 보트로 만들
  어주세요. 볶은 채소를 담을 수 있을 만
  큼 긁어냅니다.

5 케첩과 핫소스를 섞어 소스를 만들
  고 속을 긁어낸 바게트빵에 발라줍
  니다.

6 그리고 피자치즈를 조금 올려줍니
  다. 피자를 먹다 치즈가 벗겨져 빵
  만 남지 않도록 해줍니다. 볶은 채소도
  바게트빵에 담아주세요.

7 올리브를 적당한 위치에 올려주고,
  피자치즈를 올리고 파슬리가루를
  뿌려준 후 예열된 오븐 190도에서 8~10
  분간 구워줍니다. 오븐 시간은 각자의
  오븐 환경에 맞춰주세요.

햄버거 스테이크

다진 쇠고기 600g
양파 1+1/2개/ 빵가루 2컵/ 달걀 2개/ 양송이버섯 3개
허브솔트 2작은술/ 스테이크소스 3큰술/ 케첩 2큰술/ 굴소스 1큰술/ 머스타드소스 1/2큰술/ 설탕 1큰술/ 꿀 1큰술/ 소금 1/2작은술/ 후추 약간

Nutrition Tip

1. 쇠고기와 양파를 함께 섭취하면 쇠고기의 지방을 양파에 들어 있는 케르세틴 성분이 체외로 배출하는 데 도움을 준다.

1 양파 1개를 곱게 다져 달군 팬에 기름과 물 없이 볶아줍니다. 수분이 촉촉하게 생기면 좀 더 볶아 수분을 대충 날려주세요. 그리고 식혀줍니다.

2 그릇에 다진 쇠고기를 담고 빵가루, 달걀, 허브솔트, 볶아 식혀둔 양파를 넣어줍니다.

3 그리고 고루 섞은 쇠고기 반죽을 열심히 치대줍니다. 끈기가 생기도록 많이 치대주세요. 반죽을 조금씩 떼어서 사진처럼 손바닥만 하게 둥글넓적한 모양으로 빚어줍니다.

4 그다음 고기 패티 3개분 소스를 만듭니다. 양송이버섯과 양파 1/2개를 곱게 다져 달군 팬에 기름과 물 없이 볶아주세요.

5 수분이 촉촉하게 생기면서 볶아지면 불을 끄고 스테이크소스, 케첩, 굴소스, 머스타드소스, 설탕, 꿀, 소금, 후추 약간을 넣고 섞어줍니다. 그리고 살짝 한 번 끓여 소스를 만들어주세요.

6 달군 팬에 기름을 살짝 두르고 약한 불에서 고기 패티 3개를 구워줍니다. 앞뒤 노릇하게 타지 않도록 잘 구워주세요. 그리고 접시에 담아 소스를 얹어주세요.

5장

아이의 식욕을 돋우는
메뉴 & 디저트

알맞은 크기의 한 입 간식 감자 미니 핫도그
아이 친구 초대 간식으로 손색없는 카레소스 떡볶이
든든하게 한 끼 식사 해결 단호박 밤 새알죽
감기 뚝! 우리 아이 건강음료 수삼우유
잠꾸러기 아이를 위한 간단한 아침메뉴 치즈브로콜리 감자수프
쫀득쫀득 구미를 당기는 고구마 찹쌀도넛
아이들을 위한 새콤달콤 브런치 블루베리 팬케이크
상큼하게 마무리하는 간편 디저트 블루베리 요거트 셔벗
나들이 가고 싶은 날 제일 먼저 떠오르는 날치알 크래미 랩샌드위치
패밀리레스토랑 부럽지 않은 상큼달콤 딸기에이드
달달함이 입 안에서 사르르 녹는 고구마 과일샐러드
간단한 재료로 건강 챙기는 야무진 양파 샌드위치
아삭바삭 소리로 입맛 돋우는 마늘 고구마 튀김
쌀쌀한 날씨에 따끈따끈 아이 체온 지킴이 초코 밤라떼
심심한 도넛에 송송 박힌 재미 아몬드 과일도넛
부드러운 샐러드가 담뿍 담긴 치즈 감자샐러드 항아리빵
여름방학이 기다려지는 우리집 건강음료 고구마 아이스 셰이크
아이와 함께 만드는 간편한 채식메뉴 참치 새싹샐러드 샌드위치
아이를 생각한 건강한 케이크 푸룬 우유 찜케이크
아이 곁에서 떨어지지 않는 바삭바삭 쥐포튀김
반찬투정으로 칭얼대는 아이 두 손에 쏘옥 맛살샐러드 바게트 샌드위치

감자 미니 핫도그

Ingredients

비엔나 소시지 13개
감자 4개/ 다진 당근 1큰술/ 다진
부추 2큰술
소금 1작은술/ 감자전분가루 3큰술/
전분가루 1/2큰술/ 튀김기름 약간

1. 감자는 나트륨의 함량은 낮고
칼륨의 함량이 높기 때문에 나
트륨 함량이 높은 소시지와 함
께 먹으면 나트륨과 칼륨의 균
형을 맞춰주는 역할을 한다.

1 갈변 방지를 위해 감자를 껍질 벗겨 강판에 갈아 물에 담가줍니다. 그릇에 체를 걸고 강판에 간 감자를 담아 물기를 빼줍니다.

2 감자에서 빠진 물을 가만히 두었다 윗물을 따라 버리면 밑에 하얀 감자 전분이 가라앉아 있어요. 이것도 반죽에 넣어줍니다.

3 그릇에 강판에 갈아 물기 뺀 감자와 가만히 두어 윗물을 따라 버린 감자 전분, 다진 당근, 다진 부추를 넣고, 소금과 감자전분가루를 넣은 후 반죽을 만들어줍니다.

4 비엔나 소시지를 끓는 물에 삶아 체에 건지고 찬물에 한 번 헹궈 물기를 빼주세요.

5 그리고 전분가루를 소시지에 뿌려 입히고 여분의 가루를 털어줍니다.

6 반죽을 1큰술씩 떠 손에 올리고 비엔나 소시지를 올려 모양 살려 반죽 옷을 입힙니다. 반죽 나누기를 잘해주고 속까지 익도록 반죽옷은 두껍지 않게 해주세요.

7 모양 낸 반죽을 주걱으로 떠서 달군 기름에 넣어주세요. 뜨거울 때 케첩을 뿌려 먹어야 맛있습니다.

카레소스 떡볶이

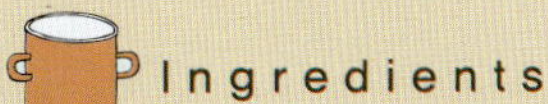

Ingredients

떡볶이 떡 400g/ 둥근 어묵
200g(6개)
당근 1/4개/ 대파 1대/ 양배추 1/4
통 3장/ 카레가루 4큰술
고추장 1큰술/ 고춧가루 1/2큰술/
물엿 1/2큰술/ 설탕 1/2큰술/ 멸치,
다시마 우린 물 2컵

1. 카레는 강황이 들어 있는데, 강
   황은 면역기능을 강화시키고
   항암효과를 가진다.

1 준비한 떡볶이 떡을 물에 담가 줍니다.

2 둥근 어묵을 떡 길이로 반 잘라줍니다. 당근은 넓적하게 잘라주고, 대파는 어슷하게 잘라줍니다. 양배추는 네모나게 잘라주세요.

3 카레가루, 고추장, 고춧가루, 물엿, 설탕, 물 5큰술을 넣고 섞어 카레소스를 만듭니다.

4 넓은 냄비에 멸치, 다시마 우린 물, 카레소스를 넣고 끓기 시작하면 떡을 넣어줍니다.

5 그다음 준비한 어묵을 냄비에 넣어주세요.

6 국물이 반 정도 졸면 준비해둔 채소를 넣어주세요.

단호박 밤 새알죽

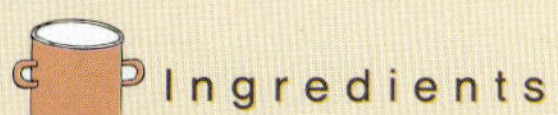

Ingredients

단호박 1/2통(650g)/ 생밤 15개
찹쌀가루 1컵
소금 1+1/2작은술/ 설탕 4큰술

1. 단호박에는 베타캐로틴 등의 캐로틴이 풍부하게 들어 있어서 체내에서 비타민A의 재료가 된다.
2. 비타민A는 피부와 점막의 면역력을 강화시키는 역할을 하고, 눈의 건강을 유지하는 데 필요하다.

1 찹쌀가루 1/2컵과 소금 1/2작은술을 섞은 후 끓인 물 10큰술을 넣고 익반죽을 해줍니다.

2 익반죽을 새알 크기로 둥글게 빚어주세요.

3 그다음 단호박을 씨를 긁어내고 칼로 껍질을 저며 벗겨줍니다.

4 손질한 단호박을 숭덩숭덩 잘라 냄비에 담고 물 9컵을 붓고 뭉글하게 삶아 핸드블랜더로 갈아줍니다.

5 끓이면서 껍질 벗긴 생밤을 넣어주세요.

6 그다음 만들어둔 새알을 넣어줍니다.

7 새알이 익어 떠오르면 물 1/2컵, 찹쌀가루 1/2컵을 섞은 찹쌀물을 붓고 눌지 않도록 저어줍니다. 그리고 설탕과 소금 1작은술을 넣고 간을 해주세요.

수삼우유

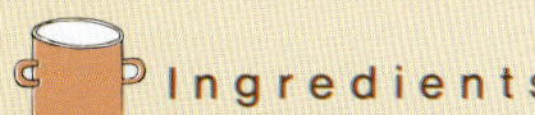

Ingredients

손질한 수삼 3뿌리(230g)/ 대추 10개
꿀 1큰술/ 우유 1컵

1. 수삼은 원기를 북돋아주고 열을 발생시키기 때문에 손발이 찰 때 먹으면 좋다.
2. 삼의 사포닌 성분이 면역기능을 강화시켜주는 역할을 하기 때문에 가을철에 먹으면 감기를 예방하는 데 좋다.

1 야채솔로 깨끗하게 문질러 씻은 수삼의 제일 윗부분을 잘라줍니다.

2 손질한 수삼과 대추, 물 12컵을 약탕기에 담고 150분을 끓여줍니다. 인삼의 사포닌 성분이 잘 끓어 넘치니 뚜껑을 살짝 열고 달여줍니다. 끓인 후에는 보온으로 유지해주세요.

3 대추는 달이는 중간쯤에 건져내주세요.

4 만 3일을 보온 상태로 두면 사진처럼 아주 진한 홍삼이 됩니다.

5 홍삼 만든 수삼을 건져 믹서에 담고 홍삼물 1컵을 붓고 갈아줍니다.

6 간 삼을 밀폐용기에 담아 냉장고에 넣어두고 우유와 함께 따끈하게 데워 꿀을 넣어주면 인삼우유가 됩니다.

7 간 수삼 2큰술과 꿀 1큰술을 담아줍니다. 여기에 따끈하게 데운 우유를 부어 잘 저어주세요.

치즈브로콜리 감자수프

브로콜리 1송이(180g)/ 감자 큰 것 1개(240g)
양파 1/2개/ 체다치즈 1장/ 피자치즈 50g/ 우유 1컵
포도씨유 1큰술/ 소금 1작은술+약간/ 후추 약간

Nutrition Tip

1. 브로콜리는 비타민C의 함량과 캐로틴의 함량이 높아 피부 건강을 유지하고 상피면역을 강화시키는 역할을 한다.
2. 감자와 우유, 치즈를 함께 사용하면 우유와 치즈에 부족한 칼륨과 마그네슘을 감자가 보충해주고, 감자에 부족한 칼슘을 우유와 치즈가 보충해준다.

1 브로콜리를 굵은 줄기를 빼고 작은 송이송이로 잘라 깨끗하게 씻은 후 끓는 물에 소금 약간을 넣고 데쳐줍니다. 데친 브로콜리는 찬물에 씻어 체에 건져 물기를 최대한 빼줍니다.

2 감자를 껍질 벗겨 납작하게 썰어 찬물에 잠시 담가 전분을 빼준 후 흐르는 물에 한 번 씻어 체에 건져 물기를 빼줍니다.

3 브로콜리, 감자, 양파를 채썰어 준비해줍니다.

4 포도씨유를 두르고 양파를 먼저 볶은 후 감자를 넣어 볶아주세요. 감자가 어느 정도 익으면 준비한 브로콜리를 넣어 볶아줍니다.

5 물 3컵을 부어 끓인 후 뭉글하게 재료들이 익으면 핸드블랜더로 갈아줍니다.

6 여기에 우유를 부어 저어주면서 끓입니다. 그리고 소금 1작은술과 후추 약간으로 간을 합니다.

7 체다치즈와 피자치즈를 넣고 눌지 않게 저어주면서 살짝 더 끓여주세요.

고구마 찹쌀도넛

Ingredients

고구마 1개(150g)
찹쌀가루 300g/ 중력분 30g/ 베이킹파우더 2작은술
설탕 30g/ 검은깨 2큰술/ 소금 1/2작은술/ 포도씨유 30g/ 튀김기름 약간

1. 고구마는 섬유질과 당질이 풍부하고 수분 함량이 높지 않기 때문에 단맛을 많이 낸다.
2. 고구마의 황색은 프로비타민A인 베타캐로틴에 의한 것으로 색이 진할수록 함량이 높다.
3. 검은깨는 레시틴이 풍부하여 기억력과 집중력을 강화시킨다.
4. 검은깨에는 비타민E가 함유되어 있어서 피부 건강을 유지하는 데 도움을 준다.

1 고구마를 삶은 후 뜨거울 때 으깨둡니다.

2 찹쌀가루, 중력분, 베이킹파우더를 체에 내려줍니다.

3 여기에 설탕, 검은깨, 소금을 넣고 섞어줍니다.

4 그다음 으깬 고구마와 포도씨유를 넣고 고루 섞어줍니다.

5 여기에 팔팔 끓인 물 1컵을 5~6번에 나누어 넣으면서 익반죽을 해줍니다. 고구마에 따라 반죽의 물기가 다를 수 있으니 물은 반죽의 질기를 봐주면서 넣으세요.

6 반죽에 찰기가 생기도록 열심히 치대줍니다. 그리고 새알 크기로 둥글게 빚어주세요. 크기가 너무 크면 속까지 잘 안 익어요.

7 반죽을 기름에 넣고 냄비 바닥에 붙지 않도록 굴리면서 튀겨주세요.

블루베리 팬케이크

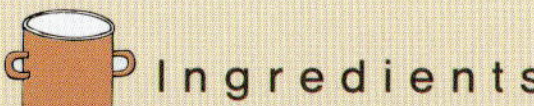

Ingredients

팬케이크 믹스가루 1컵
블루베리시럽의 블루베리 건더기만 2큰술
달걀 1개/ 포도씨유 1큰술/ 우유 1컵/ 해바
라기씨유 약간

1. 블루베리는 안토시아닌이 풍부
   하게 들어 있어 항산화 작용을
   한다.
2. 블루베리의 프로안티시아니딘
   이라는 성분은 방광이나 소변
   기관의 내면 벽에 박테리아가
   서식하지 못하도록 하여 요로
   감염을 막아주고 비뇨기계통
   의 건강을 유지시키는 역할을
   한다.

1 달걀을 알끈 없이 풀고 여기에 포도
  씨유를 넣고 섞어줍니다.

2 그리고 여기에 우유를 부어 섞어주
  세요.

3 팬케이크 믹스가루를 체에 내립니
  다.

4 체에 내린 후 가볍게 한 번 섞어주
  세요.

5 블루베리시럽의 블루베리 건더기
  기를 넣고 섞어 반죽을 만들어줍니
  다.

6 달군 팬에 해바라기씨유를 살짝
  두르고 블루베리 팬케이크 반죽을
  1국자씩 떠 올려 구워줍니다. 팬케이크
  반죽에 구멍이 생기면 뒤집어 다른쪽 면
  도 구워주세요.

블루베리 요거트 셔벗

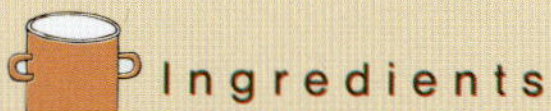

Ingredients

블루베리 200g
단맛 없는 플레인 요구르트 400g
설탕 200g

1. 블루베리의 자주색은 안토시아닌 색소 때문으로, 안토시아닌은 항산화 기능이 좋아 항암 및 항동맥경화에 효과가 있다.
2. 블루베리의 프로안티시아니딘이라는 성분은 배뇨기관의 내벽에 박테리아가 서식하지 못하도록 하여 요로 감염을 방지하는 효과가 있다.
3. 플레인 요거트는 인공첨가물을 넣지 않았기 때문에 요거트 본연의 맛을 느낄 수 있고, 요거트 중의 젖산균은 장건강을 돕는 역할을 한다.

1 블루베리와 설탕을 냄비에 담고 고루 섞어줍니다.

2 약한불에서 천천히 끓여 시럽을 만들어 식혀줍니다. 오래 끓이지 말고 블루베리 형태가 남아 있도록 한 번 바글바글 끓여만 주세요.

3 집에서 만든 단맛이 없는 플레인 요구르트입니다.

4 냉동실 용기에 단맛 없는 플레인 요구르트를 담고 블루베리시럽 100g을 담습니다.

5 요구르트와 시럽을 고루 잘 섞어 냉동실에 얼려줍니다.

6 그리고 중간 중간 꺼내 포크로 긁어 셔벗을 만들어줍니다.

날치알 크래미 랩샌드위치

크래미 8개/ 날치알 50g
식빵 8장/ 양상추 2장
마요네즈 2큰술/ 머스타드소스 2큰
술/ 소금, 후추 약간씩

1. 날치알은 톡톡 튀는 식감이 좋고, 필수아미노산이 풍부하여 어린이의 성장발달에 도움을 준다.
2. 크래미는 게살로 만들어져 있어서 게살에 풍부하게 들어 있는 아미노산을 섭취할 수 있고, 맛이 고소하고 단백하여 아이들이 좋아한다.
3. 양상추와 채소를 많이 사용하면 다른 재료에 부족한 식이섬유와 비타민을 보충해줄 수 있다.

1 준비한 식빵의 테두리를 잘라내주세요.

2 식빵 2장을 살짝 포개 밀대로 밀어 납작하게 만들어 붙여주세요. 그렇게 해서 4장을 만들어줍니다. 안 붙을 때는 물이나 우유를 살짝 바르고 해보세요.

3 맛살보다 부드러운 게맛살 크래미를 손으로 찢어주세요.

4 그리고 날치알, 마요네즈, 머스타드소스, 소금, 후추 약간씩을 넣고 잘 섞어줍니다.

5 양상추를 깨끗하게 씻어 물기를 털고 2장을 겹쳐 돌돌 말아준 후 채썰어줍니다. 다른 채소를 더 넣으셔도 좋아요.

6 김발에 랩을 깐 후 식빵을 올리고 날치알 샐러드와 양상추를 올려 김밥 말듯 단단히 말아줍니다. 그리고 랩으로 감싸준 후 양끝을 묶어주세요. 이것을 반으로 어슷하게 썰어 드시면 됩니다.

 패밀리레스토랑 부럽지 않은 **상큼달콤**

딸기에이드

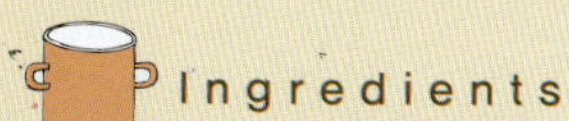

냉동 딸기 30개(200g)
꿀 1~2큰술
단맛 없는 천연 탄산수 1컵

1. 딸기는 비타민C가 풍부하고, 사과산, 구연산, 주석산의 유기산이 많아 피로회복에 좋다.
2. 딸기를 믹서에 갈 경우 비타민C가 파괴되므로 가급적 저속으로 살짝만 갈아준다.
3. 꿀은 단당류로 흡수가 빠르기 때문에 에너지 소비가 많은 아이들에게 즉각적으로 에너지를 공급해줄 수 있다.

1 냉동 딸기를 믹서에 담아줍니다. 딸기철일 때는 생딸기를 이용해도 되고, 여름엔 시원하게 냉동 딸기로 하면 좋습니다.

2 믹서에 담은 딸기에 꿀을 넣어주세요.

3 그리고 천연 탄산수를 붓고 갈아줍니다.

단호박 바나나 셰이크

1. 단호박 1/8개를 씨를 파내고 껍질을 벗겨줍니다. 그리고 체반에 담고 쪄주세요.
2. 믹서에 바나나 1개를 잘라 담아주고, 찐 단호박도 잘라 함께 담아줍니다.
3. 꿀 2큰술을 넣고 우유 1+1/2컵을 붓고 갈아주세요.

고구마 과일샐러드

고구마 2개(300g)
건과일 100g
단맛 없는 플레인 요구르트 100g
마요네즈 2큰술

Nutrition Tip

1. 고구마와 건과일은 식이섬유질의 함량이 상당히 높아 장건강에 좋다.
2. 건과일은 비타민 함량이 생과일에 비해 매우 높아 소량 섭취로도 비타민 섭취를 증가시킬 수 있다.

1 준비한 고구마를 쪄줍니다.

2 찐 고구마의 껍질을 벗겨 뜨거울 때 으깨줍니다.

3 여러 가지 건과일을 준비해 물에 10분 정도 담가줍니다.

4 그다음 흐르는 물에 씻어 체에 담아 물기를 뺀 후 키친타월로 한 번 더 물기를 닦아줍니다.

5 그리고 으깬 고구마와 함께 그릇에 담아주세요.

6 단맛 없는 플레인 요구르트와 마요네즈를 넣고 섞어줍니다. 그냥 먹어도 되고, 빵에 넣어 샌드위치로 해서 먹어도 된답니다.

양파 샌드위치

Ingredients

식빵 4장
양파 1개/ 슬라이스 햄 2장/ 슬라이
스 치즈 2장
케첩 1큰술/ 포도씨유 2큰술/ 굴소스
1/2큰술/ 후추 약간

Nutrition Tip

1. 양파는 유기화합물이 많이 들어 있고, 플라보노이드의 일종인 퀘르세틴이 들어 있어서 다양한 생리작용을 한다.
2. 이뇨작용을 하여 신장의 건강을 유지하는 데 도움을 준다.
3. 양파는 혈관 내의 콜레스테롤을 없애는 데도 좋다.

1 양파를 곱게 채썰어 달군 팬에 포도씨유를 두르고 색이 나도록 볶아줍니다.

2 그리고 굴소스와 후추 약간으로 간을 해줍니다.

3 식빵 4장을 팬에 노릇하게 구워줍니다.

4 구운 식빵에 케첩을 고루 펴 발라주세요.

5 케첩을 바른 후 슬라이스 햄 1장을 올려줍니다.

6 그 위에 슬라이스 치즈 1장을 올려주세요.

7 마지막으로 볶아둔 양파 1/2을 올려 식빵 1장으로 덮어주세요.

마늘 고구마 튀김

Ingredients

고구마 작은 것 1개(150g)/ 마늘 25톨/ 대파(초록 부분) 1/2대/ 당근 약간
튀김가루 5큰술+1컵/ 튀김기름 약간

1. 마늘은 티아민이 흡수에 유리한 알리티아민의 형태로 들어 있다.
2. 티아민은 탄수화물 소화에 반드시 필요하며, 신경전달물질의 생합성에 관여하여 두뇌활동을 활발하게 하는 역할을 한다.
3. 고구마는 섬유질이 다량 함유되어 있어 장의 연동운동을 활발하게 하여 변비와 대장암을 예방한다.
4. 식물성 섬유질 중에서 특히 고구마의 섬유질이 콜레스테롤을 배출하는 능력이 뛰어난 것으로 알려져 있다.

1 고구마를 껍질째 씻어 곱게 채썰어 물에 담가줍니다. 다른 재료를 준비하는 동안 고구마가 까맣게 색이 변하는 걸 방지하기 위함입니다.

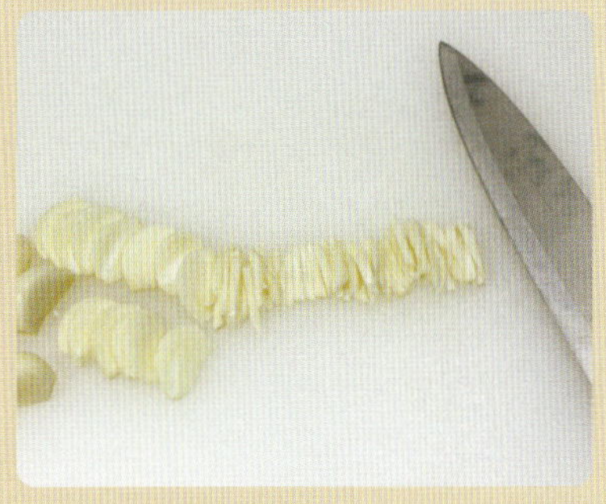

2 그다음 준비한 마늘을 곱게 채썰어 주세요.

3 대파를 곱게 어슷하게 썰어주고, 색을 내기 위해 당근을 채썰어줍니다.

4 그리고 큰 그릇에 채썰어 준비해둔 고구마, 마늘, 대파, 당근을 담고 튀김가루 5큰술을 넣고 고루 잘 버무려 묻혀 줍니다.

5 그릇에 튀김가루 1컵과 냉수 1컵을 넣고 덩어리 없게 잘 풀어 튀김옷 반죽을 만들어주세요.

6 여기에 튀김가루 묻힌 재료를 넣고 고루 잘 섞어주세요.

7 달군 기름에 반죽을 적당량 떠 넣고 노릇하게 튀겨줍니다.

초코 밤라떼

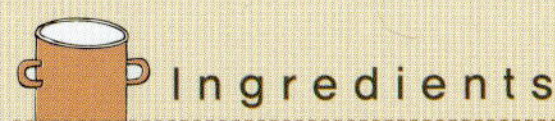
Ingredients

밤 6개(100g)
우유 1+1/2컵/ 초코시럽 2큰술

1. 밤에는 전분이 많이 들어 있고,
   설탕, 포도당 등이 포함되어 있
   다.
2. 밤은 자당의 함량이 높아 자체
   적으로 단맛이 많이 나서 설탕
   을 따로 많이 넣지 않아도 되
   기 때문에 음료를 만드는 데
   적당하다.

1 밤을 깨끗하게 씻어 체반에 올려 쪄
  줍니다.

2 그리고 찐 밤 6개를 껍질 벗겨 준비
  합니다.

3 준비한 우유를 중탕으로 데워주세
  요.

4 믹서에 준비한 밤과 우유를 담아줍
  니다.

5 밤과 우유에 초코시럽을 붓고 갈아
  주세요.

아몬드 과일도넛

Ingredients

사과 1개/ 바나나 2개/ 슬라이스
아몬드 100g
달걀 1개/ 우유 12큰술(3/4컵)/ 밀
가루 15큰술/ 설탕 1큰술/ 소금
1/3작은술/ 튀김기름 약간

Nutrition Tip

1. 아몬드는 불포화지방산이 풍부
   하여 동맥경화를 예방하고 두
   뇌활동을 활발하게 하는 데 도
   움을 준다.
2. 사과와 바나나는 도넛의 맛을
   더할 뿐 아니라 무기질, 비타
   민, 섬유질을 더해준다.

1 볼에 달걀과 우유를 부어 덩어리 없게 잘 풀어줍니다.

2 볼에 체를 걸어 밀가루 12큰술, 설탕, 소금을 담고 한 번 내려 튀김 반죽을 만들어줍니다.

3 바나나는 한 입 크기로 자르고 사과는 껍질째 깨끗하게 씻어 통으로 4등분해 속을 동그랗게 파주세요.

4 그리고 밀가루 3큰술을 묻힌 후 여분의 가루를 털어줍니다.

5 여기에 준비해둔 반죽옷(2번 과정)을 입혀주세요.

6 반죽옷을 입힌 후 슬라이스 아몬드를 묻힙니다.

7 달군 기름에 넣고 노릇하게 튀겨주세요.

치즈 감자샐러드 항아리빵

Ingredients

모닝빵 8개
양파 1/4개/ 오이 1/4개/ 베이컨
70g/ 감자 큰 것 1개(200g)
소금 1+1/3작은술/ 마요네즈 2큰
술/ 머스타드소스 1큰술/ 후추 약
간/ 피자치즈 100g

Nutrition Tip

1. 우유와 함께 섭취하면 5가지 기초식품군을 모두 섭취할 수 있는 간편식이다.
2. 감자와 치즈는 서로 부족한 영양소인 칼륨과 마그네슘을 보충해줄 수 있다.
3. 양파는 항산화 작용이 있는 플라보노이드의 일종인 퀘르세틴이 들어 있어서 건강에 좋다.

1 양파를 얇게 채썰고, 오이는 껍질째 소금으로 문질러 씻어 얇게 통으로 썬 후 4등분해 부채 모양으로 잘라줍니다. 그다음 그릇에 담고 소금 1작은술을 넣고 버무려 5~10분 정도 절입니다.

2 소금에 절인 오이를 흐르는 물에 한 번 씻고 체에 건져 물기를 최대한 빼줍니다. 그리고 키친타월로 물기를 한 번 더 꼭 짜줍니다.

3 베이컨을 잘게 썰어 마른 팬에 기름 없이 볶아주세요. 그리고 키친타월에 올려 기름을 닦아줍니다.

4 감자를 깨끗하게 씻은 후 껍질을 벗겨 숭덩숭덩 자릅니다. 그다음 냄비에 담고 감자가 잠길 정도의 물을 부어 삶아 건진 후 뜨거울 때 으깨주세요.

5 감자를 으깨둔 그릇에 기름 뺀 베이컨, 물기 뺀 오이, 양파를 담아줍니다. 마요네즈, 머스타드소스, 소금 1/3작은술, 후추 약간, 피자치즈를 넣고 고루 잘 섞어주세요.

6 과일 포크를 이용해 모닝빵 윗부분을 찔러 동그라미 모양을 그려줍니다. 그리고 손으로 살짝 윗부분을 뜯어낸 후 속을 파줍니다. 그러면 항아리 모양이 나온답니다.

7 치즈 감자샐러드로 빵 속을 채워 오븐팬에 올린 후 예열된 오븐 180도에서 10분간 구워줍니다. 치즈가 녹을 정도로만 구워주세요.

고구마 아이스 셰이크

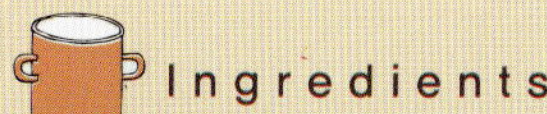

Ingredients

고구마 1개(70g)
우유 1/2컵/ 연유 1큰술/ 얼음 1컵
(100g)

1. 고구마는 섬유질과 당질이 풍부하고 수분 함량이 높지 않기 때문에 단맛을 많이 낸다.
2. 고구마의 황색은 프로비타민A 인 베타캐로틴에 의한 것으로 색이 진할수록 그 함량이 높다.
3. 안토시아닌이 풍부한 자색 고구마도 출하되고 있으므로 아이스 셰이크에 응용하면 좋다.

1 고구마는 물에 삶지 말고 체반에 올려 중간불에서 쪄줍니다.

2 고구마를 찐 다음 껍질 벗겨 뜨거울 때 으깨주세요.

3 믹서에 으깬 고구마와 우유를 담아주세요.

4 고구마와 우유를 담은 후 연유를 넣어줍니다.

5 마지막으로 얼음을 넣고 곱게 갈아주세요.

참치 새싹샐러드 샌드위치

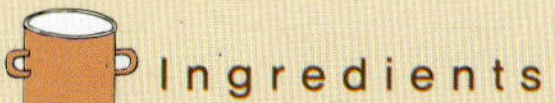

Ingredients

새싹채소 한 줌(50g)/ 참치캔 1/2
캔(4큰술)/ 모닝빵 5개
허브솔트 1/2작은술/ 마요네즈 2큰
술/ 머스타드소스 1큰술

1. 새싹에는 생명유지에 필요한 영양소가 새싹과 어린잎에 모여 있고 그 에너지가 새싹이나 어린잎의 형태로 나타나게 된다.
2. 따라서 새싹채소들은 각종 미네랄, 효소, 무기질, 비타민, 아미노산 등이 풍부하다.

1 새싹채소를 씻어 체에 담아 물기를 털어줍니다.

2 참치를 체에 담아 손으로 덩어리 없게 으깨면서 기름도 빼줍니다.

3 그릇에 새싹채소, 참치, 허브솔트, 마요네즈, 머스타드소스를 넣고 버무려주세요.

4 모닝빵을 반으로 자른 후 속을 채울 수 있게 칼집을 내 주머니를 만들어줍니다.

5 그리고 만들어둔 샐러드로 빵 속을 채워줍니다.

푸른 우유 찜케이크

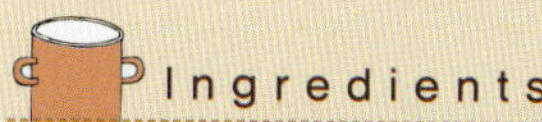

Ingredients

서양자두 푸룬 80g
박력분 1컵/ 베이킹파우더 1작은술/
소금 1/2작은술/ 설탕 2큰술/ 우유
1컵/ 버터 약간

Nutrition Tip

1. 푸룬은 식이섬유가 풍부하고,
   솔비톨, 이사틴을 함유하고 있
   어서 장운동을 촉진시켜 변비
   를 예방한다.
2. 푸룬은 또한 비타민, 미네랄,
   폴리페놀 등 다양한 파이토케
   미칼이 들어 있어서 신진대사
   를 활발하게 한다.

1 박력분과 베이킹파우더를 체에 2번
내려줍니다.

2 여기에 소금과 설탕을 넣고 섞어줍
니다.

3 그리고 우유를 붓고 대충 날가루가
안 보일 정도로만 섞어주세요. 너무
오래 저어주면 뭉쳐서 떡진답니다.

4 그다음 서양자두 푸룬을 다져줍니
다.

5 다진 푸룬을 반죽에 넣고 가볍게 한
번 섞어줍니다.

6 그리고 반죽틀에 버터를 칠해주세
요. 고루 잘 칠해야 틀에서 케이크
가 깨끗하게 분리된답니다. 버터칠을 한
후 용기에 반죽을 담습니다.

7 김이 오른 찜솥에 넣고, 끓어오른
수증기가 케이크에 바로 떨어지지
않도록 키친타월이나 면보를 덮어준 후
찜기 뚜껑을 덮어 20~25분간 찌고 5분
정도 뜸을 들여주세요.

쥐포튀김

Ingredients

쥐포 8장(170g)
튀김가루 1컵/ 검은깨 1큰술/ 밀가
루 6큰술/ 튀김기름 약간

1. 쥐포는 쥐치생선을 말린 것으
   로 생선의 영양성분을 가지고
   있기 때문에 영양간식으로 손
   색이 없다.
2. 검은깨는 불포화지방산 중 오
   메가-3 지방산과 비타민E가
   풍부하여 동맥경화나 고혈압
   예방에 좋다.
3. 검은깨는 철분, 인 등의 미네
   랄과 비타민이 풍부하게 함유
   되어 있고, 폐, 간장, 신장을
   보호하는 효과가 있다.

1 볼에 튀김가루와 검은깨를 넣고 고
   루 섞어줍니다.

2 여기에 냉장고에 시원하게 두었던
   냉수 4/5컵을 부어주세요. 그리고
   덩어리지지 않게 고루 잘 풀어줍니다.

3 쥐포를 흐르는 물에 가볍게 씻어 키
   친타월로 물기를 닦아준 후 가위를
   이용해 길이로 길게 반 자르고 5~6등분
   으로 다시 잘라줍니다.

4 밀가루로 덧가루를 입히고 여분의
   가루를 털어냅니다.

5 준비해둔 반죽에 손질한 쥐포를 한
   번에 다 넣지 말고 조금씩 넣어 튀
   김옷을 입혀주세요. 반죽옷에 쥐포를 오
   래 두면 쥐포가 흐물흐물하니 모양이 없
   어집니다.

6 반죽을 입힌 쥐포를 기름에 넣어 튀
   겨주세요. 금세 바삭하게 잘 튀겨진
   답니다.

 반찬투정으로 칭얼대는 아이 두 손에 쏘옥

맛살샐러드 바게트 샌드위치

Ingredients

바게트빵 1/2개
맛살 8개/ 새싹채소 1팩(50g)/ 양
상추 1장
마요네즈 2큰술/ 머스타드소스 1큰
술/ 허브솔트 1/2작은술

1. 새싹채소는 각종 미네랄, 효소,
   무기질, 비타민, 아미노산 등이
   풍부하여 영양이 풍부하다.
2. 곡물이나 견과류가 들어간 바
   게트를 활용하면 도정 중에 파
   괴되는 비타민과 미네랄을 보
   존하여 좋고, 곡물에 부족한
   필수아미노산을 견과류가 보
   충해줄 수 있어 좋다.
3. 맛살은 흰살생선으로 만드는
   데, 제품정보를 확인하여 첨가
   물 함량이 낮고, 생선의 함량
   이 높은 것을 선택한다.

1 바게트의 끝부분을 살짝 잘라내고
긴 나무젓가락으로 속을 파냅니다.

2 그다음 맛살을 준비해 손으로 찢어
주세요.

3 새싹채소는 씻은 후 체에 건져 물기
를 충분히 빼줍니다. 양상추는 씻은
후 물기를 털어 채썰어주세요.

4 그릇에 맛살, 새싹채소, 채썬 양상
추를 담고 마요네즈, 머스타드소스,
허브솔트를 넣고 고루 잘 섞어줍니다.

5 그리고 준비해둔 바게트빵 속에 속
을 꽉꽉 채워준 후 3~4cm 두께로 썰
어주세요.

함께 이용하면 좋은 최강 인기 블로그

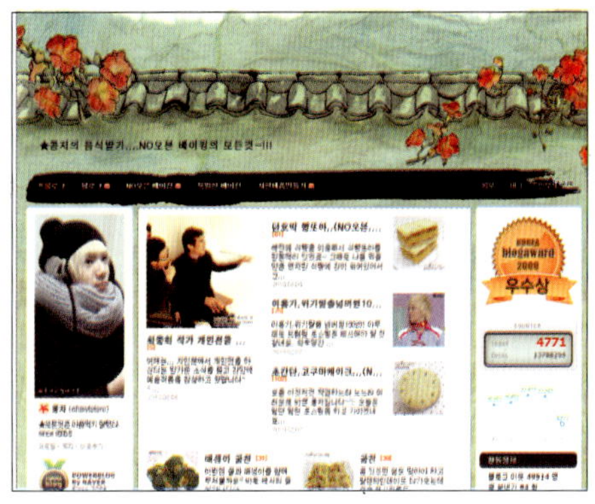

콩지의 음식발기

http://blog.naver.com/ohmytotoro

'오븐은 가라!' 를 모토로 블로그를 운영하게 된 것은 뇌졸중으로 쓰러진 할머니를 위해 찐빵을 만들면서부터입니다. 수많은 실패를 거듭하여 저만의 베이킹 비법을 만들어가는 중입니다. 주변의 친숙한 재료와 '종이컵 계량' 을 사용하고 있는 콩지의 베이킹은 몸에 좋은 착한 베이킹을 추구하고 있답니다.

쭈쭈뽕의 이 여자가 사는 법, 이 여자가 노는 법

http://blog.naver.com/zzppong

동글동글 맛난 사탕 이름에서 따온 닉네임처럼 아이들에게 예쁘고 맛있는 음식을 만들어주기 위해 노력하고 있는 블로거맘입니다. 모범생 엄마를 꿈꾸며 가족 건강을 위한 웰빙 요리와 아이들 간식, 홈베이킹에 노력을 기울이고 있습니다. 많은 분들과 블링블링 반짝이는 정보로 블로그를 가득 채우고 싶어요.

슬픈하품

http://blog.naver.com/yichihye

제게 홈베이킹은 생활입니다. 홈베이킹을 시작할 즈음엔 레시피를 봐도 이해가 잘 가지 않아 애를 먹었는데, 블로그라는 공간이 생겨 저만의 레시피 제작과정을 꼼꼼히 사진으로 기록하게 됐고, 책도 내게 되었습니다. 많은 블로거분들의 참여와 정성이 들어간 홈베이킹 정보들을 함께 나누었으면 좋겠어요.

달콤 강여사댁

http://blog.naver.com/chungsun1

요리 초보맘을 위한 쉬운 요리, 바쁜 직장맘도 간단하게 만들수 있는 요리가 가득한 블로그입니다. 복잡하고 어려운 요리는 이제 그만! 평범한 재료, 냉장고 속 재료를 이용해서 누구나 만들 순 있지만 좀 더 센스 있게~ 우리 가족을 위한 사랑 가득한 요리를 만들 수 있답니다.

메기맹이의 퍼렁별 망상기

http://blog.naver.com/maengi0804

요리가 어렵다는 생각은 금물! 누구나 좋아하는 음식들을 쉽고 간단하게 만들어 즐길 수 있도록 한 젊은 20대의 감각 레시피로 가득한 블로그입니다. 평범한 냉장고 속 재료를 이용한 간편요리부터 달콤한 홈베이킹까지~ 간편한 레시피와 즐거운 이야기가 가득한 공간입니다.

통방구리의 달콤한 세상

http://blog.naver.com/cocodior

누구나 좋아하는 음식들을 쉽고 간단하게 만들수 있도록 한 센스만점의 레시피로 가득한 블로그입니다. 홈베이킹과 인기메뉴들을 처음 접하는 사람들도 쉽게 이해하고 만들 수 있도록 방법을 알려주어, 평범한 식탁 위가 달콤한 세상으로 바뀌고 가족들 몸과 마음이 건강과 웃음으로 가득 채워지는 공간입니다.

할로겐 근적외선으로 맛과 속도를 잡는다!
컨벡스 적외선 오븐. L9282

예열없이 빠르게! 요리시간 40% 단축!
발효에서 굽기까지 원스탑 베이킹 시스템

수십 만 네티즌이 찬사한 컨벡션 소형 전기오븐의 완성품

차별화된 새로운 적외선 입체히팅 방식으로 보다 빠르고 맛있게!
CONVEX OVEN. L9282

www.convexoven.com